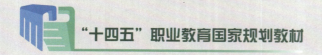 "十四五"职业教育国家规划教材　　 "十三五"职业教育国家规划教材

中等职业教育改革创新示范教材

中等职业教育建筑工程施工专业系列教材

总主编　江世永　　执行总主编　刘钦平

建筑材料 （第5版）

主　编　陈　斌

副主编　李　莉

参　编　陈　科　蔡平忠

重庆大学出版社

内容提要

本书结合建筑材料课程标准和现行建筑行业的标准、规范、职业技能鉴定规范及等级标准编写而成。本书共8章,主要内容包括建筑工程中常用的建筑材料(石灰、石膏、水泥、集料、混凝土、砂浆、砌体材料、建筑钢材)以及近年涌现出来的一些新型建筑材料的品种规格、性能特点、质量标准以及鉴别检测、选择使用和储存保管方法。

本书既可作为中等职业学校建筑工程施工专业的教学用书,也可作为中级管理岗位和中级技术工种及相关教学培训用书。

图书在版编目(CIP)数据

建筑材料 / 陈斌主编. -- 5 版. -- 重庆 : 重庆大学出版社, 2024. 8. -- (中等职业教育建筑工程施工专业系列教材). -- ISBN 978-7-5689-4710-7

Ⅰ. TU5

中国国家版本馆 CIP 数据核字第 202435UM79 号

"十四五"职业教育国家规划教材
中等职业教育改革创新示范教材
中等职业教育建筑工程施工专业系列教材
建筑材料
(第 5 版)
主 编 陈 斌
副主编 李 莉
责任编辑:刘颖果 版式设计:刘颖果
责任校对:谢 芳 责任印制:赵 晟
*
重庆大学出版社出版发行
出版人:陈晓阳
社址:重庆市沙坪坝区大学城西路 21 号
邮编:401331
电话:(023)88617190 88617185(中小学)
传真:(023)88617186 88617166
网址:http://www.cqup.com.cn
邮箱:fxk@ cqup.com.cn(营销中心)
全国新华书店经销
重庆永驰印务有限公司印刷
*
开本:787mm×1092mm 1/16 印张:12.25 字数:308千
2008 年 8 月第 1 版 2024 年 8 月第 5 版 2024 年 8 月第 27 次印刷
印数:106 001—111 000
ISBN 978-7-5689-4710-7 定价:48.00元

序　言

建筑业是我国国民经济的支柱产业之一。随着全国城市化建设进程的加快,基础设施建设急需大量的具备中、初级专业技能的建设者。这对中等职业教育的建筑专业发展提出了新的挑战,同时也提供了新的机遇。根据《国务院关于大力推进职业教育改革与发展的决定》和《关于制定〈2004—2007年职业教育教材开发编写计划〉的通知》的要求,我们编写了本系列教材。

中等职业教育建筑工程施工专业毕业生就业的单位主要面向施工企业。从就业岗位看,以建筑施工一线管理和操作岗位为主,在管理岗位中施工员人数居多;在操作岗位中钢筋工、砌筑工需求量大。为此,本系列教材将培养目标定位为:培养与我国社会主义现代化建设要求相适应,具有综合职业能力,能从事工业与民用建筑的钢筋工、砌筑工等其中一种,进而能胜任施工员管理岗位的中级技术人才。

本系列教材编写的指导思想是:坚持以社会就业和行业需求为导向,适应我国建筑行业对人才培养的需求;适合目前中等职业教育教学的需要和中职学生的学习特点;着力培养学生的动手和实践能力。本系列教材秉持"需求为导向,能力为本位"的职教理念,以工作岗位为根本,能力培养为主线,紧扣行业岗位能力标准要求,科学构建教材结构;注重"实用为准,够用为度"的原则,摒弃繁杂、深奥、难教难学之处,精简提炼教材内容;遵循"与时俱进,适时更新"的原则,紧跟建筑行业发展动态,根据行业涌现的新材料、新技术、新工艺、新方法适时更新教材内容,充分体现现代职业教育特色与教材育人功能。

本系列教材编写具有以下特点:

1. 知识浅显易懂,精简理论阐述,突出操作技能。突出操作技能和工序要求,重在技能操作培训,将技能进行分解、细化,使学生在短时间内掌握基本的操作要领,达到"短、平、快"的学习效果。

2. 采用"动中学""学中做"的互动教学方法。系列教材融入了对教师教学方法的建议和指导,教师可根据不同资源条件选择使用适宜的教学方法,组织丰富多彩的"以学生为中心"的课堂教学活动,提高学生的参与程度,坚持以培养学生能力为本,让学生在各种动手、动口、动脑的活动中,轻松愉快地学习,接受知识,获得技能。

3. 表现形式新颖,内容活泼多样。教材辅以丰富的图标、图片和图表。图标起引导作用,图片和图表作为知识的有机组成部分,代替了大篇幅的文字叙述,使内容表达直观、生动形象,能激发学习者兴趣。教师讲解和学生阅读两部分内容,分别采用不同的字体以示区别,让师生一目了然、清晰明白。

4.教学手段丰富,资源利用充分。根据不同的教学科目和教学内容,教材中采用了如录像、幻灯片、实物、挂图、试验操作、现场参观、实习实作等丰富的教学手段,有利于充实教学方法,提高教学质量。

5.注重教学评估和学习鉴定。每章结束后,均有对教师教学质量的评估、对学生学习效果的鉴定。通过评估、鉴定,师生可得到及时的学习反馈,以不断地总结经验,提高学生学习的积极性,改进教学方法,提高教学质量。

本系列教材可以供中等职业教育建筑工程施工专业学生使用,也可以作为建筑从业人员的参考用书。

本系列教材在编写过程中,得到了重庆市教育委员会、中国人民解放军陆军勤务学院、重庆市教育科学研究院和重庆市建设岗位培训中心的指导和帮助。同时,本系列教材从立项论证到编写还得到了澳大利亚职业教育专家的指导和支持,在此表示衷心的感谢!

江世永

前　言（第5版）

随着建筑行业技术的快速发展和新材料的推广使用，相关国家标准、规范的更新实施，以及贯彻落实党的二十大报告中强调的"推动绿色发展，促进人与自然和谐共生"精神，《建筑材料》（第4版）已略显不足。为适应建筑行业的发展变化，使教材内容能与行业同步对接，以更好地满足课程标准和行业岗位职业能力标准的要求，倡导执行"节能降耗、绿色低碳、生态环境保护"理念，在重庆大学出版社的主持下，并结合读者的使用反馈意见，我们对《建筑材料》（第4版）进行了修订。修订后的教材具有以下特色：

（1）编写理念

教材以能力为本位、学生为中心、行业需求为导向，坚持实用为准、够用为度的原则，根据学习者的认知水平和学习特点，采用新颖的体例和版面形式呈现教材内容；结合中等职业学校土木水利类建筑工程施工专业教学标准和行业岗位职业能力标准的要求，以实用为准、够用为度，精练教材内容。

（2）版面风格

教材采用大量的彩色实物实景图片、图表等表现形式，录制了常用建筑材料的检测试验视频并植入二维码，让文字内容图片化、视频化，既直观形象，又亲切生动，图、文、声、像并茂，趣味性强，大大降低了理论学习的难度，有助于激发学生的学习兴趣。

（3）教学模式

教材适用于各种灵活多样的教学方式和活动，教师可以根据教学内容的需要和具备的资源条件，选择或创新出适宜的教学方法。运用"动中学、学中做、做中会"的教学模式，活跃课堂氛围，增强学生的参与程度，提高教学效果，让学生在动手、动口、动眼、动脑中接受知识，获得技能。

（4）教材内容

教材内容更新及时快速。教材中涉及的专业名词术语用词严谨，语言规范，数据准确，符合现行国家技术质量标准和规范的规定。在各章节中以"知识窗"的形式列举出与本章节建筑材料相关的现行国家技术质量标准和规范目录，供师生查阅和参考学习，加强学生标准、规范意识的培养，实现与行业岗位职业能力需求的零对接。

（5）数字化资源

本书配套的教学资源有教学PPT、课后习题解答、综合测试题、练习题库等，并特别配套了试验视频、名词释义，扫描二维码即可观看学习，能够方便教师教学和学生复习巩固，提高教学效果。

本教材第 2、3、4 章由重庆工商学校陈斌、重庆市江津区建设工程质量技术服务中心蔡平忠编写，第 1、5、6 章由重庆工商学校陈斌、重庆市巴南职业教育中心李莉编写，第 7、8 章由重庆工商学校陈斌、重庆大学陈科编写。全书由陈斌主编、统稿及修订。

另外，本教材中的很多图片来源于网络，未能逐一查询到出处，在此对原作者表示感谢。由于编者水平、学识、经验有限，书中的不足之处在所难免，敬请读者提出宝贵意见。

编　者
2024 年 5 月

QIANYAN

前　言

一、本书编写依据

本书根据中国-澳大利亚(重庆)职业教育与培训项目课程设计和教材开发的指导性文件《建筑专业(施工员)课程框架》中,核心能力标准 CPC0003A——常用建筑材料的鉴定、选用与保管,并结合现行建筑行业的国家标准、规范、职业技能鉴定规范及等级标准编写而成。

二、本书特点

本书借鉴了澳大利亚职业技术教育的先进理念,突出"以能力为本位、以学生为中心、以学习需求为基础,实用为准、够用为度"的原则,根据学习者的特点,确定学习目标,开展灵活多样的教学活动,选择丰富多样的教学手段,做到教学目标和教学重点突出、知识和能力并重,同时通过各种形式的教学和鉴定,使学习者达到能力标准的要求。本书的配套光盘录制了常用建筑材料的检测试验过程,让文字内容图片化、视频化,既直观、形象,又亲切、生动,大大降低了理论学习难度,能提高学生的学习兴趣。

三、本书内容简介和教学目标

本书共分为 8 章,主要内容包括建筑工程中常用的建筑材料:石灰、石膏、水泥、砂子、石子、混凝土、砂浆、墙体材料、建筑钢材,以及近年涌现出来的一些新型建筑材料等。主要教学内容是:以上各种建筑材料的品种规格、性能特点、质量标准以及鉴别检验、选择使用和储存保管的方法。课程的教学目标是:让学生掌握常用建筑材料及其制品的性能特点和质量标准,具备对常用建筑材料进行抽样检测、质量判定、合理选用和储运保管的能力。

四、本书使用对象

本书可供中等职业学校建筑工程施工专业中级管理岗位和中级技术工种及相关教学培训的师生使用。

五、课时建议

本书以每周 4 课时,计 18 周,共 72 课时完成。各章课时分配如下表,供参考:

章　次	内　容	课　时
第 1 章	气硬性胶凝材料——石灰、石膏	6
第 2 章	水硬性胶凝材料——水泥	18
第 3 章	集料	10
第 4 章	混凝土	12
第 5 章	砂浆	4
第 6 章	砌体材料	6
第 7 章	建筑钢材	8
第 8 章	其他建筑材料	8

六、教学说明

本课程的教学建议采用了灵活多样的方式和活动,教师可以根据教学内容的需要和具备的资源条件,选择或创新出适宜的教学方法,以活跃课堂氛围,增加学生的参与程度,提高教学效果,以达到能力标准的教学目标为目的。

七、编写成员

本书第2、3、4章由重庆工商学校陈斌编写,第1、5、6章由重庆工商学校陈斌、重庆巴南职业中学李莉编写,第7、8章由重庆工商学校陈斌、重庆大学陈科编写。全书由陈斌主编、审稿、统稿。

本书在编写过程中,还得到了中国和澳大利亚有关单位和专家的大力支持,在此向以下单位和个人致谢:

重庆市教育委员会

RMIT PCET 中心

中澳(重庆)职教项目办公室

中澳(重庆)职教项目建筑行业协调委员会

澳大利亚维多利亚洲 Homlsglen 技术与继续教育学院

澳大利亚建筑行业评定等级培训委员会 ATA

澳大利亚职业教育与培训鉴定服务中心

澳大利亚墨尔本皇家理工大学后教育和培训研究中心:

Veronica Volkoff 女士

Beth Marr 女士

Jane Perry 女士

中澳(重庆)职教项目澳方驻校专家:

John 先生

Bruce Shearer 先生

中澳(重庆)职教项目澳方专家:

张荣健教授

编　者
2007 年 10 月

目　录

绪 论

　　建筑材料是建筑工程中使用的各种材料及其制品的总称。广义的建筑材料包括构成建筑实体的材料(如砂、石、砖、水泥、砂浆、混凝土、钢材以及装饰、防水、保温材料等)、施工过程中使用的辅助材料(如脚手架、模板等),以及各种配套器材(如水、暖、电、气等器材)。本书介绍的是构成建筑实体的有关材料。

　　建筑材料既是建筑工程的物质基础,也是建筑工程的质量基础。建筑施工过程就是按设计要求把建筑材料逐步变成建筑物的过程,它涉及材料的鉴别、选用、运输、储存及加工等方面。建筑材料的品质和性能,直接影响建筑物的安全、适用、经济、美观和耐久性。建筑材料的费用占建筑工程总造价的50%~70%。因此,正确、合理地选择使用建筑材料,使其能最大限度发挥效能和降低工程造价尤为重要。

1)建筑材料的分类

　　建筑材料种类繁多,为了研究和使用方便,常从不同的角度对其进行分类。

①按使用功能可分为结构材料、围护材料、功能性材料三大类,见表0.1。

表0.1　建筑材料按使用功能分类

分　类	使用功能	举　例
结构材料	用于基础、柱、梁、板等承重构件	水泥、钢材、混凝土、砂浆
围护材料	用于墙体、屋面起围护作用	各种砌墙砖、砌块、砌筑石材、墙板、瓦
功能性材料	具有某种特殊功能(防水、隔热、吸声、装饰)	沥青、防水卷材、泡沫玻璃、涂料、瓷砖

②按材料的化学成分可分为无机材料、有机材料和复合材料三大类,见表0.2。

表0.2　建筑材料按材料化学成分分类

分　类		举　例
无机材料	金属材料	钢材、铝合金
	非金属材料	石灰、石膏、水泥、砂、石、砖、砂浆、混凝土、玻璃、陶瓷
有机材料	植物材料	木材、竹材
	沥青材料	煤沥青、石油沥青
	合成高分子材料	塑料、涂料
复合材料		钢筋混凝土、沥青混凝土、聚合物混凝土、玻璃钢

2)建筑材料的技术标准

　　建筑材料的质量是影响建筑工程质量的主要因素之一,因此,我国相关权威部门制定并颁布了一系列的技术标准,即针对建材产品的品种规格、分类方法、代号与标志、质量要求、抽样方法、检验方法、质量评定方法及应用技术等内容作出的具体而详细的要求和规定。

　　建材生产企业必须按技术标准生产并控制质量;建材使用企业必须按技术标准选用并验收质量;建材检测部门必须按技术标准进行检测试验并判定质量。

　　每个技术标准都有自己的标准名称、标准代号、顺序编号和发布年号。例如:

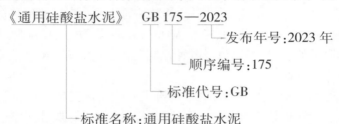

　　我国的建筑材料技术标准可以依据其等级、执行力度、所起作用进行分类,见表0.3—表0.5。

表0.3　建筑材料技术标准按等级分类

标准类别及代号		举　例	适用范围
国家标准(GB)		《冷轧带肋钢筋》(GB 13788—2024)	全国通用
行业标准	建筑材料行业(JC)	《蒸压粉煤灰砖》(JC/T 239—2014)	全国某行业
	建筑工程行业(JGJ)	《砌筑砂浆配合比设计规程》(JGJ/T 98—2010)	
	冶金行业标准(YB)	《高延性冷轧带肋钢筋》(YB/T 4260—2011)	
	交通行业标准(JT)	《高速公路波形梁钢护栏》(JT/T 281—2007)	
地方标准(DB)		《特细砂砌筑砂浆配合比设计规程》(DBJ/T 50-093—2009)	某地区(如重庆市)
企业标准(QB)		《合成树脂瓦》(QB/BJY 1—2016)	某企业(如重庆市邦加益建材有限公司)

表0.4　建筑材料技术标准按执行力度分类

标准类别及代号	执行力度	举　例
强制性标准(GB)	强制执行(必须且只能执行该标准)	《通用硅酸盐水泥》(GB 175—2023)
推荐性标准(GB/T)	非强制性执行(也可以执行其他标准)	《建设用砂》(GB/T 14684—2022)

表0.5　建筑材料技术标准按所起作用分类

标准类别	内容及作用	举　例
质量评定标准	规定了材料的各项技术要求和质量指标,是评定产品质量是否合格的依据	《烧结普通砖》(GB/T 5101—2017)

续表

标准类别	内容及作用	举 例
检测方法标准	规定了对材料质量进行检测试验应采用的设备、方法和步骤、计算取值等要求，是对材料质量进行检测试验操作的依据	《砌墙砖试验方法》(GB/T 2542—2012)
应用技术标准	规定了材料的品种、规格、适用范围及进场验收方法和施工要求等内容，是选择使用建筑材料的依据	《混凝土外加剂应用技术规范》(GB 50119—2013)

技术标准反映一个时期的技术水平，具有相对稳定性，但随着技术的不断发展和进步，执行一段时间之后，又会进行相应内容的修改更新。一旦有最近更新的标准发布，则从实施之日起，以前发布的标准就同时作废，不能使用了。例如，《冷轧带肋钢筋》(GB 13788—2024)从发布实施之日起，之前的《冷轧带肋钢筋》(GB/T 13788—2017)同时作废，停止使用。

3) 建筑材料的发展及趋势

建筑材料是随着人类的进化而发展的，它和人类文明有着十分密切的关系。

人类从最初挖土凿石为洞、伐木为棚的"穴居巢处"开始，到后来利用烧制的砖、瓦、石灰等传统建材修建大量的古代建筑，再到利用钢筋、水泥、混凝土、玻璃、陶瓷等现代建材建造大规模的高楼大厦，无不反映出一个民族、一个时代的物质文明进步。

建筑材料也是随着社会生产力和科学技术水平的不断提高而逐渐发展起来的。

自中华人民共和国成立以来，特别是改革开放后，随着生产力和科技水平的迅猛发展，我国建材异军突起，一些具有特殊功能的新型材料，如保温隔热、吸声隔音、耐热防火、防水抗渗、耐磨抗腐、防辐射等材料应运而生，并得到广泛使用。

为贯彻执行"推动绿色发展"的战略方针和"以人为本"的指导思想，人们对建筑材料提出了更高要求。在今后相当长的时间内，建筑材料的研发生产将朝着轻质、高强、节能、环保、绿色、低碳、多功能的方向发展。

活动建议

在教师指导下，学习如何在网上查询并确认相关技术标准的有效性和现行有效版本，并照例填写查询内容，如下表：

名 称	编 号	实施时间	状态	现行有效版本	实施时间
《烧结普通砖》	GB 5101—2003	2004-04-01	作废	《烧结普通砖》(GB/T 5101—2017)	2018-11-01

1 气硬性胶凝材料——石灰、石膏

本章内容简介

石灰的特性、使用及质量的鉴别

石膏的特性及应用

本章教学目标

鉴别石灰种类，能正确使用石灰，评定石灰的质量

认识石膏的特性，正确使用石膏及其制品

名词解释

1.1 石 灰

题引入

认识并观察石灰实物或图片(图1.1)。

1.1.1 石灰概述

1)石灰的由来

生产石灰的主要原料为天然的石灰岩(图1.1),经窑炉(图1.2)高温煅烧而成的块状物质即为生石灰(图1.3),简称石灰。

图1.1 石灰岩

图1.2 窑炉

图1.3 生石灰

阅读理解

石灰石的主要成分是$CaCO_3$,生石灰的主要成分是CaO。但由于石灰石中常含有一些$MgCO_3$成分,因此经煅烧而成的生石灰中也相应含有MgO成分。当MgO的质量分数≤5%时,称为钙质石灰;当MgO的质量分数>5%时,称为镁质石灰。石灰石煅烧生成生石灰的化学式如下:

石灰石 $\xrightarrow{\text{高温煅烧}}$ 生石灰

$$石灰石 \begin{cases} CaCO_3 \xrightarrow{1\,000\ ℃左右煅烧} CaO + CO_2 \uparrow \\ MgCO_3 \xrightarrow{1\,000\ ℃左右煅烧} MgO + CO_2 \uparrow \end{cases}$$

生产石灰时,煅烧温度的高低及分布情况对石灰质量有很大影响。若温度太低,石灰石不能完全分解,则产生欠火石灰(图1.4)。欠火石灰有效成分少,产浆量少,残渣多,降低了石灰的利用率。若温度过高,则产生过火石灰(图1.5)。过火石灰的结构紧密,质地坚硬,与水的反应速度非常缓慢,未经充分熟化则会产生危害,影响工程质量。煅烧良好的正火石灰(图1.6)质轻色匀,结构疏松,与水的反应速度非常快,产浆量高。

图1.4　欠火石灰　　　　　　图1.5　过火石灰　　　　　　图1.6　正火石灰

2）石灰的分类

石灰有4种分类方法：

①按煅烧温度不同分为欠火石灰、过火石灰、正火石灰。

②按原材料成分不同分为钙质石灰、镁质石灰。

③按石灰的化学成分分为生石灰（CaO）和熟石灰[Ca(OH)₂]。

④按石灰的状态分为块状石灰（块灰）、粉状石灰（石灰粉）、乳状石灰（石灰浆或石灰乳）、膏状石灰（石灰膏）。

1.1.2　石灰的使用

请仔细观察块状生石灰加水后产生的现象。

说说议议

块状生石灰加水后有哪些现象和变化？

1）石灰的熟化

石灰在使用前，一般要加水拌和。生石灰与水发生反应生成熟石灰的过程称为石灰的熟化（也称为石灰的消化）。石灰熟化时放出大量热量，体积剧烈膨胀。工地上常采用淋灰和陈伏两种传统方法进行熟化。

石灰熟化过程的化学式如下：

$$\text{生石灰} \xrightarrow{\text{加水}} \text{熟石灰（又称为消石灰）}$$

$$\text{生石灰}\begin{cases} CaO + H_2O \longrightarrow Ca(OH)_2 + \text{热量} \\ MgO + H_2O \longrightarrow Mg(OH)_2 + \text{热量} \end{cases}$$

①淋灰：块状生石灰中均匀加入适量的水，得到分散的颗粒细小的熟石灰粉（也称为消石灰粉），这种制备消石灰粉的方法称为淋灰。

②陈伏:块状生石灰中加入过量的水,得到的浆体是石灰乳,石灰乳沉淀2周后得到的膏状物是石灰膏,这种制备石灰膏的方法称为陈伏。陈伏通常在化灰池和储灰池中进行,既充分熟化了过火石灰,消除了过火石灰的危害,又滤除了欠火石灰残渣,如图1.7所示。

陈伏期间,储灰池中石灰膏表面应保持有一定厚度的水层,以隔绝空气,避免石灰膏干燥和碳化。

化灰池

储灰池

图1.7　消化石灰

淋灰和陈伏因释放热量和产生粉尘而不符合施工现场环保的要求,市场上出现了经研磨的成品生石灰粉,在使用前不需陈伏处理,直接加水熟化2 d后即可使用。

阅读理解

块状生石灰中含有的过火石灰,其结构紧密,熟化速度非常缓慢,在短时间内不能完成熟化。它会在石灰浆体硬化后才开始吸收空气中的水分而熟化,使已经硬化的砂浆层产生局部的体积剧烈膨胀而崩裂或鼓泡。未经充分熟化的过火石灰若掺和在抹灰砂浆中,会造成抹灰层开裂而影响抹灰工程质量;若掺和在砌筑砂浆中,会造成砌体开裂而影响砌体工程质量。因此,使用块状生石灰之前需要进行陈伏处理,主要目的是让其中的过火石灰充分熟化,以消除过火石灰对工程的危害。

生石灰粉在磨细过程中,由于过火石灰和欠火石灰也被磨成细粉,减少了未消化残渣,加快了过火石灰的熟化速度,因此避免了过火石灰造成的体积安定性不良的危害,可不经陈伏加水熟化2 d后直接使用,既环保又省时。在严寒地区的冬期施工中,可不经熟化直接使用,拌制砂浆时,其熟化释放出的热量可大大加快砂浆的凝结硬化速度,加水量也较少,使硬化后的砂浆强度比用消石灰拌制的砂浆强度高2倍,施工简单,质量又好。因此,目前生石灰粉得到了大量而广泛的使用,并且以袋装形式在市场上出售。

2)石灰的硬化

石灰熟化使用后,将逐渐硬化成固体,其硬化包括干燥和碳化两个同时进行的过程。

①干燥:石灰浆中水分逐渐蒸发,氢氧化钙逐渐结晶析出,并使浆体紧缩而产生强度的过程。

②碳化:浆体中的氢氧化钙与空气中的二氧化碳化合成碳酸钙结晶并析出水分的过程。其化学式如下:

$$Ca(OH)_2 + CO_2 + nH_2O \longrightarrow CaCO_3 + (n+1)H_2O$$

因此,石灰浆硬化后,含有碳酸钙和氢氧化钙两种不同的晶体。

观察思考

在墙体上用石灰砂浆抹面,其抹灰层在凝结硬化过程中,表面有大量水珠出现,为什么?待完全干燥后,用手摸,手上会粘有白灰,这又是为什么?

阅读理解

碳化作用主要发生在与空气接触的表面,当表面生成致密的碳酸钙薄膜后,不但阻止二氧化碳往里的透入,同时也会影响水分从里往外的蒸发,因此砌体深处的氢氧化钙不能充分碳化而进行结晶。石灰浆的硬化是由碳化和干燥两个过程完成的,而这两个过程都只能在空气中进行,因此石灰是气硬性胶凝材料,只能用于地面以上的干燥环境,不能用于与水接触或潮湿环境下的建筑部位,否则不能完成硬化。

名词释义

胶凝材料——建筑工程中能将散粒的(如砂、石等)或块状的(如砖、石材、砌块等)材料黏结成整体,并使其产生一定强度的材料的统称,也称为胶结材料。

胶凝材料按化学成分,分为无机胶凝材料(如石灰、石膏、水泥等)和有机胶凝材料(如沥青)。其中,无机胶凝材料按硬化条件的不同又分为气硬性胶凝材料和水硬性胶凝材料。

气硬性胶凝材料——只能在空气中凝结硬化,产生、保持并发展强度的胶凝材料,如石灰、石膏、水玻璃等。

水硬性胶凝材料——不仅能在空气中凝结硬化,而且能更好地在潮湿环境或水中硬化,产生、保持并发展强度的胶凝材料,如各种水泥。

3)石灰的4种成品

①块灰:白色疏松块状生石灰(图1.3),其主要成分为 CaO。

②石灰粉:包括生石灰粉和熟石灰粉(图1.8和图1.9),生石灰粉由块状生石灰磨细而成,熟石灰粉由生石灰加水消化而成。

图1.8 袋装石灰粉

图1.9 石灰粉

③石灰膏:由石灰陈伏而成的膏状物。

④石灰乳(浆):由石灰加过量的水得到的浆体。

活动建议

请教师带领学生参观石灰使用现场,如熟化石灰,制作石灰砂浆、混合砂浆、三合土等过程。

4) 石灰的应用

①石灰粉或石灰膏与砂子、水拌和,可配制成石灰砂浆,用于砌筑或抹面。

②石灰粉或石灰膏与水泥、砂子、水拌和,可配制成水泥石灰混合砂浆,用于砌筑砖石墙体、柱子以及抹面。

③石灰乳可用作墙面及顶棚的粉饰涂刷。

④石灰粉还可与黏土配制成灰土,或再加入砂子或石子或炉渣或碎砖配制成三合土,经夯实后用于建筑物基础垫层,也被广泛用作道路基层材料。

⑤生石灰粉还是制造硅酸盐制品、装饰板材的原料,如灰砂砖、粉煤灰砖、碳化石灰板等。

⑥由于生石灰的吸湿性很强,因此生石灰也被用作干燥剂。

小组讨论

块状生石灰熟化时,为什么要在储灰池中"陈伏"14 d 以上?

1.1.3 石灰的特性

石灰具有以下特性:

①良好的保水性。生石灰熟化成的熟石灰膏具有良好的保水性,掺入水泥砂浆中可提高砂浆的保水能力,提高砌体强度;同时使砂浆具有良好的和易性,便于施工。

②凝结硬化慢、强度低。石灰浆在空气中的碳化和结晶过程十分缓慢,其最终强度也不高,因此石灰不能用于强度要求较高的部位。

③耐水性差。硬化后的石灰,由于其中的氢氧化钙晶体能溶于水,若长期受潮或被水浸泡则会发生溃散,因此石灰不能用于潮湿环境和水中。

④体积收缩大。石灰浆体硬化时,由于水分的蒸发,引起体积收缩,会使石灰制品开裂,因此石灰除调制成石灰乳用于粉刷外,不宜单独使用。工程上应用时,常在石灰中掺入砂、麻刀、纸筋等,以抵抗收缩引起的开裂和增加抗拉强度。

⑤吸湿性强。生石灰是在高温下煅烧而成,结构疏松又特别干燥,很容易吸收空气中的水分而熟化,进而在空气中碳化而失去活性,因此保管生石灰时应防潮,且不宜存放太久。

说说议议

石灰膏、石灰砂浆、混合砂浆能否用于基础或蓄水池的砌筑和抹面?为什么?

1.1.4 石灰的质量评定

①在评定石灰质量时应按照国家技术标准,对石灰进行有效成分含量、产浆量(或未消化

残渣含量)、CO_2 含量、SO_2 含量、细度等项目的测定。此外还可进行外观目测,如块灰与粉灰的比例、煤渣与石块的比例、过火石灰与欠火石灰的比例等。

石灰中的有效成分是指 CaO 和 MgO;未消化残渣是指粒径 >5 mm 的过火石灰颗粒和欠火石灰颗粒。

②欠火石灰、过火石灰和正火石灰的鉴别方法见表 1.1,并参见图 1.4、图 1.5 和图 1.6。

表 1.1　欠火石灰、过火石灰和正火石灰的鉴别方法

观察项目	欠火石灰	过火石灰	正火石灰
颜色	中部颜色比边缘深	色暗,带灰黑色	白色或灰黄色
质量	重	重	轻
硬度	外部疏松,中部硬	质硬	疏松
断面	中部与边缘不同	结构紧密	均匀

③石灰质量比较:

• 生石灰中正火石灰含量越多,石灰质量越好。因为正火石灰的有效成分含量更多。

• 块状生石灰中粉灰数量越少,石灰质量越好。因为粉灰很容易在空气中吸收水分熟化形成 $Ca(OH)_2$,进而在空气中发生碳化形成 $CaCO_3$,从而失去胶结能力。

• 石灰经熟化后产浆量越多,未消化残渣含量越少,石灰质量越好。因为产浆量越多,说明石灰的有效成分含量越多。

动建议

请观察实物,鉴别欠火石灰、过火石灰和正火石灰。

1.1.5　石灰的储存和保管

生石灰会吸收空气中的水分和 CO_2 生成 $CaCO_3$,失去黏结能力。因此,在储存和保管生石灰时,应防止受潮和混入杂物,且不宜长期储存。通常,块状生石灰进场后应立即陈伏(图 1.7),将储存期变为陈伏期。

另外,生石灰熟化时会放出大量的热,因此应将生石灰与易燃、易爆及液体物品分别储存和保管。

不同类生石灰应分别储存,不得混杂。

知●识窗

请阅读学习以下有关石灰的技术标准:
《建筑生石灰》(JC/T 479—2013)
《建筑消石灰》(JC/T 481—2013)

1.2 石 膏

问 题引入

你认识石膏吗？请观察石膏及其制品,如建筑石膏、石膏制品等。

1.2.1 石膏概述

①石膏是一种理想的高效节能的建筑材料,具有十分广阔的应用前景。

②建筑石膏是采用天然二水石膏(也称为生石膏,如图 1.10 所示)经过破碎、加热、磨细制得的一种白色粉末状材料(图 1.11)。

图 1.10 天然二水石膏

图 1.11 建筑石膏

③二水石膏($CaSO_4 \cdot 2H_2O$)在加工时随温度和压力等条件的不同,会得到结构和性能都不同的高强石膏($\alpha\text{-}CaSO_4 \cdot 0.5H_2O$)与建筑石膏($\beta\text{-}CaSO_4 \cdot 0.5H_2O$),二者统称为熟石膏(图1.12、图 1.13 和图 1.14)。高强石膏硬化后,密实度大、强度高,可用于建筑抹灰或制成石膏制品,但成本高;建筑石膏生产方便、成本低,在建筑工程中使用较多。

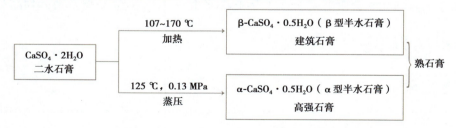

图 1.12 石膏加工工艺示意图

图 1.13　高强石膏

图 1.14　建筑石膏

1.2.2　石膏的凝结硬化

建筑石膏与适量的水拌和后,形成可塑性的浆体,随后浆体很快失去塑性,进而产生和发展强度,形成坚硬的固体,这个过程就是石膏的凝结硬化。

建筑石膏的凝结硬化过程实质就是 β 型半水石膏与水化合(水化)生成二水石膏的过程。其化学式如下:

$$CaSO_4 \cdot 0.5H_2O \ + \ 1.5H_2O \longrightarrow CaSO_4 \cdot 2H_2O$$

建筑石膏与适量水拌和成可塑性的浆体后,很快与水发生反应生成二水石膏,由于水分逐渐减少,浆体变稠开始失去可塑性,此时为石膏初凝;之后石膏浆体中的水分因继续水化反应和蒸发作用而减少,水化产物二水石膏不断增多而形成结晶结构,浆体完全失去可塑性,并开始产生强度,此时为石膏终凝;随后二水石膏继续大量生成,水分大量减少,结晶结构强度充分增长,直到完全干燥,石膏即已硬化,如图 1.15 所示。

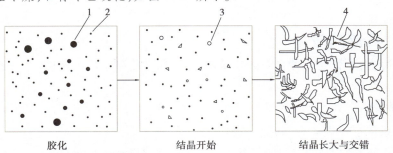

图 1.15　石膏的凝结硬化过程

1—半水石膏;2—二水石膏胶体微粒;3—二水石膏晶体;4—交错的晶体

由于石膏浆体中的多余水分只能在空气中蒸发,因此石膏浆体只能在空气中硬化,所以石膏也属于气硬性胶凝材料。

1.2.3 石膏的特性

将石膏加水,观察其凝结硬化过程和现象,总结石膏特性如下:

①凝结硬化快。石膏加水后在 3～30 min 就很快凝结,7 d 左右就完全硬化。为了方便施工,石膏中常掺入适量的缓凝剂。

②硬化时体积微膨胀。石膏浆体凝结硬化时不像石灰、水泥那样产生体积收缩,反而略有膨胀。这一特性使得石膏制品表面光滑、形体饱满、棱角清晰,不产生干燥裂缝。

③硬化后孔隙率大,质量轻,但强度低。石膏在拌和时,为使浆体具有施工要求的可塑性,需加入 60%～80% 的用水量,而石膏水化的理论需水量为 18.6%,大量的自由水蒸发后,在石膏制品内部形成大量的毛细孔隙,孔隙率可达 50%～60%,从而使硬化后的石膏制品质量轻,但强度低。

④具有良好的保温隔热和吸声性能。石膏制品孔隙率大,吸声且导热性能小,因此常用作保温制品和吸声制品。

⑤具有一定的调节湿度的性能。由于石膏制品多孔、吸湿性强,当室内湿度变化时,具有一定的"呼吸"作用,从而起到一定的湿度调节作用。

⑥防火性好,但耐火性差。石膏制品(二水石膏)遇火后,结晶水蒸发形成汽幕,可阻止火势蔓延,能增强临时防火效果,但不宜长期用于 65 ℃ 以上高温的部位,以免二水石膏在此温度下失去结晶水,从而降低强度。

⑦耐水性、抗冻性差。石膏制品多孔,吸水性强,受水浸湿后产生变形且强度低,受冻后孔隙水结冰而产生胀裂,因此不能用于潮湿部位和室外环境。

⑧具有良好的装饰性和可加工性。石膏制品表面光滑细腻、图案清晰饱满、轮廓分明,且可锯、可刨、可钉。

配制石膏砂浆、石灰砂浆、水泥砂浆,并比较 3 种砂浆的性能。

1.2.4 石膏的应用

鉴于以上特性,石膏是一种良好的建筑功能材料,并得到了广泛使用。

请教师带领学生参观各种石膏制品的制作和使用。

①用于制作石膏制品(图 1.16 和图 1.17),如纸面石膏板、纤维石膏板、石膏空心板、石膏装饰板、石膏砌块、石膏吊顶等,用于建筑物的室内隔墙、墙面和顶棚的装饰装修等。其中,石膏板材作为一种新型墙体材料,具有质轻、美观、防火、抗震、保温、隔热、调节湿度、隔墙占地面积少、施工方便和节能等优点。

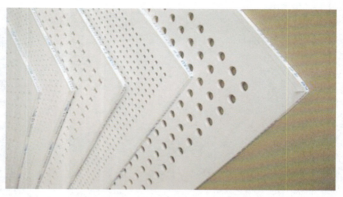

图 1.16 石膏板

图 1.17 石膏线

②石膏洁白细腻,用于室内抹灰和粉刷(图 1.18),装饰效果好。

图 1.18 石膏饰面

③石膏用于制作建筑雕塑(图 1.19),质轻、美观。

④石膏用于生产水泥,起缓凝作用。

⑤石膏用于生产各种硅酸盐建筑制品(图 1.20),具有质轻、保温、隔热的特点。

图1.19　石膏雕塑

图1.20　硅酸盐制品（砌块、墙板）

名词释义

保水性——能保持浆体中的水分不易泌出的性质。

耐水性——材料长期在饱和水作用下不破坏，且强度不显著降低的性质。

孔隙率——材料中的孔隙体积占材料总体积的百分率。

知识窗

请阅读学习国家标准《建筑石膏》（GB/T 9776—2022）。

练习作业

1. 石灰在建筑工程中有哪些应用？

2.如何鉴别石灰质量的优劣?

3.石膏的主要性能及常见用途有哪些?

4.石灰在砂浆中的作用有哪些?

学习鉴定

1.选择题

(1)石灰制品长期受潮或被水浸泡会使已硬化的石灰溃散,这是由于石灰(　　　)。

    A.耐水性好　　　　　B.耐水性差　　　　　C.耐湿性差　　　　　D.吸湿性好

(2)石膏制品表面光滑细腻,形体饱满,干燥时不开裂,又可单独使用,这是因为石膏具有(　　　)的特性。

    A.孔隙率大　　　　　B.抗火性好　　　　　C.微膨胀　　　　　D.微收缩

2.综合题

(1)石灰的特性有哪些?

(2)石灰的常见用法有哪些?

(3)如何评定石灰质量的好坏?

（4）生石灰中粉灰数量越多则质量越好吗？

（5）石膏的特点有哪些？

（6）石膏在建筑工程中的用途有哪些？

（7）使用石灰与石膏时应注意哪些问题？

（8）如何储存和保管生石灰？

（9）如何简易鉴别下列4种材料：生石膏粉、建筑石膏粉、生石灰粉和熟石灰粉？

教学评估

教学评估见本书附录。

2 水硬性胶凝材料——水泥

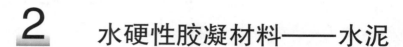

本章内容简介

常用的6大品种水泥的主要质量标准、特性异同

选用和检测水泥的方法

储存保管水泥的措施

名词解释

本章教学目标

能识别水泥品种，掌握水泥的主要质量标准、特性异同

具有正确选用水泥和对水泥进行抽样（送检）试验、质量
鉴别的能力

能采取正确的方法储存和运输水泥

题引入

认识并观察水泥实物。说一说水泥是一种什么样的材料？它有哪些用途？

2.1　水泥概述

水泥是建筑业的基本材料，使用面广、用量大，素有建筑业的"粮食"之称。

2.1.1　水泥的生产

活动建议

请教师带领学生参观水泥的生产过程。

通过实地观看水泥的生产过程，了解水泥生产所需的原材料以及生产工艺流程，如图 2.1 所示。

```
石灰石 ┐
黏  土 ├ 按比例混合 → 生料 ── 煅烧 ──→ 熟料 ── 磨细 ──→ 水泥成品
铁矿粉 ┘  磨细              1 350～1 450 ℃      ↑
                                            石膏
```

图 2.1　水泥生产工艺流程

①生产水泥的原料有石灰质原料、黏土质原料和铁质原料。

②水泥的生产工艺过程可概括为 4 个字，即"两磨一烧"。

③在磨细熟料时掺入适量(3%左右)的石膏以延缓水泥的凝结时间。

④水泥熟料中有 4 种主要矿物成分，即硅酸二钙、硅酸三钙、铝酸三钙和铁铝酸四钙。此外，熟料中还含有少量有害成分，即游离氧化钙和游离氧化镁。

图 2.2　水泥熟料矿物成分的形成过程

水泥生料的配合比例，将直接影响水泥熟料的矿物成分比例(图 2.2)和主要技术性能。水泥生料在窑内的煅烧过程，是保证水泥熟料质量的关键。石膏的掺量和熟料的磨细程度也将影响水泥的性能和质量。

2.1.2　水泥的包装

观察思考

观察不同品种水泥的包装袋(图2.3),看其有什么不同?

图2.3　袋装水泥

①水泥是粉状材料,有袋装(图2.3)和散装(图2.4)两种类型。袋装水泥每袋净含量 50 kg,且不得少于标志质量的99%。随机抽取20袋,总质量(含包装袋)应不少于1 000 kg。

②水泥包装袋上应清楚标明水泥品种名称、代号、强度等级、出厂日期、净含量、生产单位和厂址、执行标准号、生产许可证标志(QS)及编号、出厂编号、包装年月日等。散装发运时,应提交与袋装标志内容相同的卡片。

③水泥品种名称不同,其包装袋两侧的印刷字体的颜色也不相同。包装袋两侧印刷内容为水泥名称和强度等级。

图2.4　散装水泥罐车

2.1.3　常用的通用硅酸盐水泥名称、代号

- 硅酸盐水泥(波特兰水泥)　　　　P·Ⅰ或P·Ⅱ　包装袋两侧印刷字体为红色
- 普通硅酸盐水泥(普通水泥)　　　P·O　　　　　包装袋两侧印刷字体为红色
- 矿渣硅酸盐水泥(矿渣水泥)　　　P·S·A或P·S·B　包装袋两侧印刷字体为黑色或蓝色
- 粉煤灰硅酸盐水泥(粉煤灰水泥)　P·F　　　　　包装袋两侧印刷字体为黑色或蓝色
- 火山灰质硅酸盐水泥(火山灰水泥)P·P　　　　　包装袋两侧印刷字体为黑色或蓝色
- 复合硅酸盐水泥(复合水泥)　　　P·C　　　　　包装袋两侧印刷字体为黑色或蓝色

阅读理解

通用硅酸盐水泥:以硅酸盐水泥熟料和适量的石膏,以及规定的混合材料制成的水硬性胶凝材料。通用硅酸盐水泥按混合材料的品种和掺量分为硅酸盐水泥、普通硅酸盐水泥、矿渣硅酸盐水泥、粉煤灰硅酸盐水泥、火山灰质硅酸盐水泥、复合硅酸盐水泥。

硅酸盐水泥:由硅酸盐水泥熟料、0~<5%石灰石或粒化高炉矿渣和适量石膏磨细制成的水硬性胶凝材料,亦即国外统称的波特兰水泥。硅酸盐水泥有两种类型,即Ⅰ型(不掺混合材料),代号P·Ⅰ;Ⅱ型(掺5%以下的混合材料),代号P·Ⅱ。

普通硅酸盐水泥:由硅酸盐水泥熟料、≥6%且<20%的混合材料和适量石膏磨细制成的水硬性胶凝材料,简称普通水泥,代号P·O。

矿渣硅酸盐水泥:由硅酸盐水泥熟料、≥21%且<70%的粒化高炉矿渣和适量石膏磨细制成的水硬性胶凝材料,简称矿渣水泥。矿渣硅酸盐水泥分为A型和B型。A型矿渣掺量≥21%且<50%,代号P·S·A;B型矿渣掺量≥51%且<70%,代号P·S·B。

粉煤灰硅酸盐水泥:由硅酸盐水泥熟料、≥21%且<40%的粉煤灰和适量石膏磨细制成的水硬性胶凝材料,简称粉煤灰水泥,代号P·F。

火山灰质硅酸盐水泥:由硅酸盐水泥熟料、≥21%且<40%的火山灰质混合材料和适量石膏磨细制成的水硬性胶凝材料,简称火山灰水泥,代号P·P。

复合硅酸盐水泥:由硅酸盐水泥熟料、两种或两种以上≥21%且<50%的混合材料、适量石膏磨细制成的水硬性胶凝材料,简称复合水泥,代号 P·C。

在硅酸盐水泥中掺入的一些天然或人工合成的矿物材料或工业废渣,称为混合材料。

混合材料按其性质分为活性混合材料和非活性混合材料两类。

活性混合材料是指不能单独与水反应,但能与 $Ca(OH)_2$ 和水一起发生化学反应,并生成具有黏结作用的胶凝物质的材料。在生产水泥时,主要掺入的是活性混合材料,如矿渣、火山灰、粉煤灰等。

非活性混合材料是指不能发生化学反应,也不会损害水泥性能,掺入水泥中只起填充作用的材料。掺入非活性混合材料能降低水泥强度、节约水泥熟料、增加水泥产量,如石灰石、砂岩等。

掺混合材料的目的是改善水泥的某些性能,调整水泥强度,增加水泥品种,扩大水泥的使用范围;同时,也可以综合利用工业废料,节能降耗,低碳环保,提高水泥产量,降低水泥生产成本等。

2.1.4　水泥的凝结硬化

1)水泥的凝结硬化过程

水泥的凝结硬化过程实际上就是水泥与水发生化学反应(即水化反应),生成一系列新的水化产物,水泥浆体由稀变稠,最终形成坚硬的水泥石的过程。水泥的凝结硬化过程经历了水化、凝结、硬化 3 个连续不断的发展阶段。

①水化是水泥产生凝结硬化的前提,而凝结硬化是水泥水化的结果。

②凝结标志着水泥浆失去流动性而具有一定的塑性强度,硬化则表示水泥浆固化后具有一定的机械强度。

③水泥与水作用后,生成的主要水化产物有水化硅酸钙、水化铁酸钙、水化铝酸钙、水化硫铝酸钙和氢氧化钙。这些水泥的水化产物都是具有黏结作用的胶凝物质。水化产物越多,黏结能力越强,硬化后的强度就越高。

④硬化后的水泥石是由水化产物凝胶体、水化产物结晶体、未水化完全的水泥颗粒、孔隙水和孔隙组成的多相(固、液、气)结构。

⑤水泥石的强度在潮湿环境或水中才能得到更好地发展和提高,因此水泥是水硬性胶凝材料。

⑥水泥中的各种熟料矿物成分在水化时的特性是不同的(表2.1)。因此,改变水泥中的熟料矿物成分的相对含量,水泥的性质也随之改变。如提高硅酸三钙的含量,可制得高强水泥;提高铝酸三钙的含量,可制得快硬水泥。

阅读理解

当水泥与适量的水拌和后[图2.5(a)],在水泥颗粒表面即发生化学反应,生成的水化产物集聚在颗粒表面形成凝胶薄膜[图2.5(b)],使水化速度减慢并使水泥浆体具有可塑性。随着时间延长,水化产物增多[图2.5(c)],水泥浆体开始失去流动性和可塑性(但不具有强度)时称为初凝。水泥颗粒继续水化,至水泥浆体完全失去流动性和可塑性而成为固态,即开始具有一定强度时称为终凝。水泥浆逐渐失去流动性和可塑性并发展成为固体的过程称为水泥的凝结。

随着水化的继续进行,水化产物层的厚度和致密程度不断增加,水泥浆体趋于硬化,产生强度并逐渐发展而形成具有较高强度的水泥石[图2.5(d)]。水泥经过水化并逐渐由浆体凝结成固体,产生强度并发展强度的过程称为水泥的硬化。

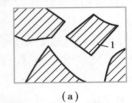 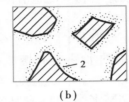 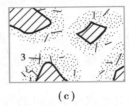 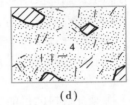

(a)　　　　　　(b)　　　　　　(c)　　　　　　(d)

图2.5　水泥凝结硬化过程

1—水泥颗粒;2—水泥凝胶体;3—水化产物结晶体;4—毛细管孔隙

水泥的水化是从水泥颗粒的表面开始,逐渐向水泥颗粒的内部深入进行的。开始时水化速度较快,但随着水化的不断进行,水化产物在水泥颗粒的周围集聚增多,阻碍了水与水泥颗粒内核的接触,导致水化速度逐渐减慢,但无论经过多长时间,水泥颗粒内核是很难完全水化的。因此,硬化后的水泥石中仍然含有未水化完的水泥颗粒。

水泥的水化是一个比较漫长的过程。水泥石中未水化完的水泥颗粒需要在潮湿环境或水中才能更充分地继续水化,水化产物才能不断增多,水泥石的强度才能不断地增长。因此,水泥不仅能在空气中硬化,而且能更好地在潮湿环境或水中硬化,产生、保持并发展强度。所以,水泥是水硬性胶凝材料。

观察思考

阅读表2.1,说一说不同水泥的凝结硬化速度和强度高低是否相同?为什么?

表2.1　各种熟料矿物单独与水作用的性质

性　质		硅酸三钙	硅酸二钙	铝酸三钙	铁铝酸四钙
凝结硬化速度		快	慢	最快	较快
水化时放热量		高	低	最高	中
强度	高低	高	早期低,后期高	低	中
	发展	快	慢	快	较快

提问回答

如何才能制得快硬高强水泥和低热水泥?

2)影响水泥凝结硬化的因素

影响水泥凝结硬化的因素主要包括:水泥熟料的矿物成分,水泥的细度,混合材料的品种及掺量,拌和水量,硬化环境的温度、湿度,硬化时间。

阅读理解

由表2.1可知,水泥中各种熟料成分的相对含量不同,则水泥的凝结硬化速度、水化放热量和强度也不相同。硅酸三钙和铝酸三钙含量较多的水泥,其凝结硬化和强度发展速度就要快些,水化放热量也要高些。

水泥颗粒越细,颗粒表面与水的接触面积就越大,水化速度就越快,水化放热和凝结硬化速度也就越快,早期强度就越高。

拌和水量多,水化后形成的胶体较稀,水泥的凝结硬化就慢,硬化后孔隙多,强度低。

温度对水泥的水化以及凝结硬化的影响很大。当温度高时,水泥的水化速度加快,凝结硬化和强度发展速度也就加快,因此采用蒸汽养护是加快凝结硬化的方法之一。当温度低时,凝结硬化速度减慢;当温度低于0 ℃时,水化基本停止。因此,在冬期施工时,须采取保温措施,以保证水泥的正常凝结和强度的正常发展。

水泥石的强度只有在潮湿环境或水中才能不断增长。若处于干燥环境中,当水分蒸发完毕后,水化将无法继续进行,硬化即停止,强度也不再增长。因此,混凝土工程在浇筑后2~3周,必须注意洒水养护,以保证强度不断增长。

水泥石的强度随着硬化时间而增长,一般在3~7 d水泥水化速度最快,强度增长也就最快,在28 d内增长较快,以后渐慢,但硬化增长的持续时间很长,只要在一定的温度、湿度条件下,强度增长可延续几年甚至几十年。

小组讨论

1. 采用什么样的养护方法才有利于水泥的凝结硬化?

2. 水泥的用途有哪些? 可用于哪些环境?

2.1.5 水泥的应用

水泥在水化过程中可以将砂、石等散粒材料胶结成整体而形成各种水泥制品。因此,在建筑工程中,水泥主要用于拌制砂浆、混凝土等。砂浆用于砌筑(图2.6)或抹面(图2.7),混凝土用于制作构件(图2.8)。

图2.6　砂浆砌筑　　　　　　　　　图2.7　砂浆抹面

图2.8　制作混凝土构件

水泥不仅可以在空气中硬化,还可以更好地在潮湿环境,甚至在水中硬化。因此,其应用范围极广,不仅能用于地面以上的环境,更能用于地下和水中环境。

察思考

满足哪些要求的水泥才是质量合格的水泥?

2.2　水泥的技术性质

看录像

水泥的各项性能试验。

水泥试验

2.2.1 细度

水泥颗粒越细,颗粒表面与水的接触面积就越大,水化速度也就越快,早期强度就越高。但颗粒过细,硬化时收缩较大,易产生裂缝,储存期间容易吸收空气中的水分和二氧化碳而失去活性。另外,颗粒细则粉磨时的能耗大,水泥成本高,因此细度应适宜。

《通用硅酸盐水泥》(GB 175—2023)规定:硅酸盐水泥的细度以比表面积表示,其比表面积应不低于 300 m²/kg,且不高于 400 m²/kg;其他 5 种水泥的细度以 45 μm 方孔筛筛余表示,应不低于 5%。

比表面积越小,水泥越粗;筛余越大,水泥越粗。水泥比表面积用勃氏法检测(图 2.9),水泥筛余用筛析法检测(图 2.10)。

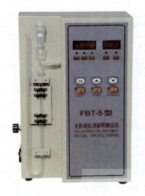

图 2.9 水泥比表面积测定仪

图 2.10 水泥细度负压筛析仪

2.2.2 凝结时间

水泥的凝结时间是指从水泥加水拌和时起,到水泥浆失去塑性而发展成固体状态所需的时间。水泥凝结时间的早迟,会影响工程施工的质量和进度。

水泥的凝结时间分为初凝时间和终凝时间两种。水泥的凝结时间用维卡仪测定(图 2.11)。当初凝针沉至距底板(4±1)mm 时,为水泥达到初凝状态;当终凝针沉入 0.5 mm 时,为水泥达到终凝状态。

初凝时间是指自水泥加水拌和时起,到水泥浆开始失去可塑性时所需要的时间。

终凝时间是指自水泥加水拌和时起,到水泥浆完全失去可塑性并开始产生强度所需要的时间。

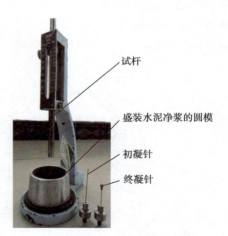

图 2.11 维卡仪

我国所产水泥的初凝时间一般为 1~3 h,终凝时间一般为 4~6 h。

①初凝时间不宜过早,以便有足够的时间对混凝土进行搅拌、运输、浇筑和振捣。

②终凝时间不宜过迟,要求混凝土能尽快硬化,尽快产生强度,以利于下一步施工。

③《通用硅酸盐水泥》(GB 175—2023)规定:6种水泥的初凝时间不得早于45 min;硅酸盐水泥的终凝时间不得迟于6.5 h,其他5种水泥的终凝时间不得迟于10 h。

说说议议

为什么硅酸盐水泥的终凝时间比其他5种水泥的终凝时间早?

2.2.3 体积安定性

水泥的体积安定性是指水泥在凝结硬化过程中体积变化的均匀性。

体积安定性不合格的水泥,在凝结硬化过程中由于体积变化不均匀,将导致混凝土构件产生膨胀性裂缝,从而降低建筑物质量,甚至引起严重事故。

引起水泥体积安定性不良的原因是:水泥熟料中所含游离氧化钙或游离氧化镁过多,或磨细熟料时掺入的石膏过多。

国家标准规定:水泥的体积安定性用沸煮法检验必须合格。

阅读理解

水泥熟料中所含游离氧化钙或游离氧化镁都是过烧状态的,在水泥凝结硬化后才慢慢熟化,熟化过程中产生体积膨胀,使水泥石开裂。

纯熟料磨细后,凝结时间很短,不便使用。为了延缓水泥的凝结时间,磨细熟料时,掺入适量(3%)石膏。当石膏掺量过多时,过量的石膏在水泥硬化后与水泥石中的水化产物发生反应,体积膨胀,造成已硬化的水泥石开裂。

沸煮法检验水泥的体积安定性:将按规定方法拌制好的水泥净浆,制成规定形状尺寸的水泥试饼,在规定的条件下养护成型,将其放在沸煮箱内,按规定加热沸煮,然后取出试饼观察和测定。若经肉眼观察未发现裂缝,用直尺检查也没有弯曲,则体积安定性合格;反之,则为不合格(图2.12)。

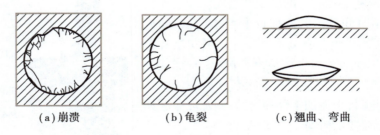

(a)崩溃   (b)龟裂   (c)翘曲、弯曲

图2.12 安定性不合格试饼

说说议议

初凝时间或体积安定性不合格的水泥能否用于工程施工?为什么?

2.2.4 标准稠度用水量

浆体的稀稠程度称为稠度。在测定水泥的凝结时间、体积安定性等性能时,需要加水拌成水泥净浆。为了使试验结果有准确的可比性,所拌制的水泥净浆的稠度应相同,即达到统一规定的稀稠程度,这个统一规定的稀稠程度称为水泥净浆标准稠度。

《水泥标准稠度用水量、凝结时间、安定性检验方法》(GB/T 1346—2011)规定:当试杆(图2.11)沉入水泥净浆并距离底板(6±1)mm时,此时的稠度即为水泥净浆标准稠度。

将水泥拌制成标准稠度的水泥净浆,此时所需的加水量即为水泥的标准稠度用水量,采用水与水泥之比的百分数表示。通用硅酸盐水泥的标准稠度用水量一般为22% ~32%。

标准稠度用水量越大的水泥,在用于拌制混凝土或砂浆时,其用水量需要得也越多。

2.2.5 强度

水泥的强度是指水泥抵抗外力破坏的能力。黏结力越强的水泥,其强度就越高。

水泥的强度主要与熟料的矿物成分和细度有关。另外,水泥中混合材料的质量和数量、拌和水量、养护条件、龄期等都对水泥的强度有影响。

水泥强度包括抗折强度和抗压强度两种。我国测定水泥强度的方法是水泥胶砂法(简称ISO法),即按水泥:标准砂:水 = 1:3:0.5的比例拌和,制成40 mm ×40 mm ×160 mm的棱柱体胶砂试件,在(20±1)℃的水中养护至规定龄期(3 d,28 d)后,测定其抗折和抗压强度,如图2.13至图2.16所示。

图 2.13　标准砂

图 2.14　水泥胶砂试件

图 2.15　抗折试验后的水泥胶砂试件

图 2.16　抗折后的试件进行抗压试验

抗折强度是指材料抵抗弯曲破坏的能力。抗压强度是指材料抵抗压力破坏的能力。

根据水泥规定龄期(3 d 和 28 d)的抗折强度和抗压强度,硅酸盐水泥和普通硅酸盐水泥的强度等级划分为 6 个:42.5,42.5R,52.5,52.5R,62.5,62.5R;复合硅酸盐水泥的强度等级划分为 4 个:42.5,42.5R,52.5,52.5R;其他 3 种水泥的强度等级划分为 6 个:32.5,32.5R,42.5,42.5R,52.5,52.5R。

例如,42.5R 表示水泥 28 d 的抗压强度不低于 42.5 MPa,属早期强度较高的早强型水泥。

《通用硅酸盐水泥》(GB 175—2023)规定:不同强度等级的通用硅酸盐水泥,其不同龄期的强度应符合表 2.2 中的数值。

表 2.2　通用硅酸盐水泥不同龄期强度要求

强度等级	抗压强度/MPa		抗折强度/MPa	
	3 d	28 d	3 d	28 d
32.5	≥12.0	≥32.5	≥3.0	≥5.5
32.5R	≥17.0		≥4.0	
42.5	≥17.0	≥42.5	≥4.0	≥6.5
42.5R	≥22.0		≥4.5	
52.5	≥22.0	≥52.5	≥4.5	≥7.0
52.5R	≥27.0		≥5.0	
62.5	≥27.0	≥62.5	≥5.0	≥8.0
62.5R	≥32.0		≥5.5	

说说议议

不同品种的水泥,其凝结时间和强度为何不相同?

2.2.6　水化热

①水泥与水发生水化反应时放出的热量称为水泥的水化热。

②水化热大,对冬期施工有利,有利于水泥的正常凝结硬化和强度发展。

③水化热大,对大体积混凝土工程不利,容易使混凝土产生膨胀裂缝。

④大部分的水化热是在水化初期(7 d 内)放出的,以后则逐渐减少。

⑤水化放热量的大小及速度,主要取决于水泥熟料的矿物组成和细度,以及混合材料的掺量。

阅读理解

大体积混凝土工程(混凝土结构实体的最小尺寸≥1 m,或预计会因混凝土中胶凝材料水化引起的温度变化和收缩而导致有害裂缝产生的混凝土工程),如大型基础、大坝、桥墩等,积聚在内部的水化热不易散出,常使内部温度高达 50~60 ℃。由于混凝土表面散热很快,内外温差引起的应力可使混凝土产生膨胀裂缝,因此大体积混凝土工程应采用水化热较低的水泥。

冬季水温低,易结冰,不利于水泥的水化。而水泥的水化热可以阻止水结冰,并提高水温,从而有利于水泥的水化。因此,水化热大的水泥对冬期混凝土施工是有利的。

小组讨论

1.各小组讨论并完成表 2.3 的内容。

表 2.3　现行国家标准中对水泥的相关规定

项　目	硅酸盐水泥	普通水泥	矿渣水泥、粉煤灰水泥、火山灰水泥	复合水泥
细度				
凝结时间				
体积安定性				
强度等级				

2.施工中,拌制砂浆或混凝土时,能否将不同品种、不同强度等级、不同生产厂家的水泥混合使用?为什么?

请阅读学习以下有关水泥的国家标准:

《通用硅酸盐水泥》(GB 175—2023)

《水泥细度检验方法　筛析法》(GB/T 1345—2005)

《水泥比表面积测定方法　勃氏法》(GB/T 8074—2008)

《水泥标准稠度用水量、凝结时间、安定性检验方法》(GB/T 1346—2011)

《水泥胶砂强度检验方法(ISO 法)》(GB/T 17671—2021)

《大体积混凝土施工标准》(GB 50496—2018)

2.3 水泥的主要特性及选用

2.3.1 通用硅酸盐水泥的特性

通用硅酸盐水泥的主要特性见表2.4。

表2.4 常用水泥的特性

品种	硅酸盐水泥	普通水泥	矿渣水泥	火山灰水泥	粉煤灰水泥	复合水泥
主要特性	凝结硬化快 早期强度高 水化热大 耐蚀性差 耐磨性好 抗冻性好 耐热性差 抗碳化性好 抗渗性好 干缩性小	凝结硬化较快 早期强度较高 水化热较大 耐蚀性较差 耐磨性较好 抗冻性较好 耐热性较差 抗碳化性较好 抗渗性较好 干缩性较小	凝结硬化慢 早期强度低,但 后期强度增长快 水化热小 耐蚀性好 耐磨性差 抗冻性差 耐热性好 抗碳化性差 抗渗性差 干缩性大 蒸汽养护好	凝结硬化慢 早期强度低,但 后期强度增长快 水化热小 耐蚀性好 耐磨性差 抗冻性差 耐热性较好 抗碳化性差 抗渗性好 干缩性大 蒸汽养护好	凝结硬化慢 早期强度低,但 后期强度增长快 水化热小 耐蚀性好 耐磨性差 抗冻性差 耐热性较好 抗碳化性差 抗渗性较好 干缩性较小 蒸汽养护好	凝结硬化慢 早期强度低,但 后期强度增长快 水化热小 耐蚀性好 耐磨性差 抗冻性差 耐热性较好 抗碳化性差 蒸汽养护好 其他性能与掺 入混合材料的种 类及掺量有关

阅读理解

水泥水化反应早期,主要是水泥熟料矿物成分与水的水化反应,硅酸盐水泥和普通水泥的熟料含量多,因此它们的凝结硬化速度快、早期强度高、水化放热大。而其他4种水泥掺入的混合材料较多,熟料较少,因此它们的凝结硬化速度慢、早期强度低、水化放热小。但到了后期,混合材料与水泥的水化产物(如氢氧化钙)开始发生化学反应,并生成更多的胶凝物质,因此其后期强度增长较快。

硬化后的水泥石中存在氢氧化钙,它既易溶于水,又能与环境中的酸、强碱、盐发生化学反应,生成强度较低、易溶于水、无胶凝能力、体积大量膨胀的新的水化产物,从而降低水泥石的强度,或使水泥石结构遭到破坏,这种现象称为水泥石的腐蚀。由于水泥石中的氢氧化钙是水泥熟料的水化产物,硅酸盐水泥和普通水泥的熟料多,其水化后的氢氧化钙就多,其混合材料掺量少,后期的化学反应所消耗的氢氧化钙也就少,则水泥石中就存在大量的氢氧化钙,水泥石就容易遭到腐蚀,所以,它们的抗腐蚀性较其他4种水泥差。若水泥石本身结构不够密实,侵蚀性介质容易进入水泥石内部,就更加速了水泥石的腐蚀。因此,引起水泥石腐蚀的根本原因是水泥石中含有容易引起腐蚀的成分氢氧化钙以及水泥石本身结构不够密实。所以,在实际工程中应采取以下防腐蚀措施：

①根据工程所处环境特点,合理选用水泥品种。

②改善施工工艺,提高混凝土构件的密实度。

③在混凝土构件表面加做不透水的保护层。

察思考

水泥品种不同,其特性为何不同?

2.3.2　水泥的选用

1)水泥品种的选择

由于不同品种的水泥具有不同的特性,因此应结合水泥的不同性能,并根据混凝土工程特点及所处环境条件来选择水泥品种,可按表2.5推荐选用。

表2.5　常用水泥品种的选用

混凝土工程特点及所处环境条件		优先选用	可以选用	不宜选用
普通混凝土	一般气候环境中的混凝土	硅酸盐水泥 普通水泥	矿渣水泥 火山灰水泥 粉煤灰水泥 复合水泥	
	干燥环境中的混凝土	硅酸盐水泥 普通水泥		矿渣水泥 火山灰水泥 粉煤灰水泥 复合水泥
	高湿度环境中或长期处于水中的混凝土	矿渣水泥 火山灰水泥 粉煤灰水泥 复合水泥	硅酸盐水泥 普通水泥	
	厚大体积的混凝土	矿渣水泥 火山灰水泥 粉煤灰水泥 复合水泥	普通水泥	硅酸盐水泥
	高温环境的混凝土	矿渣水泥	火山灰水泥 粉煤灰水泥 复合水泥	硅酸盐水泥

续表

混凝土工程特点及所处环境条件		优先选用	可以选用	不宜选用
特殊要求混凝土	要求快硬高强的混凝土	硅酸盐水泥	普通水泥	矿渣水泥 火山灰水泥 粉煤灰水泥 复合水泥
	严寒地区的露天混凝土,寒冷地区处于水位升降范围内的混凝土	硅酸盐水泥	普通水泥	矿渣水泥 火山灰水泥 粉煤灰水泥 复合水泥
	严寒地区处于水位升降范围内的混凝土	硅酸盐水泥	普通水泥	矿渣水泥 火山灰水泥 粉煤灰水泥 复合水泥
	有抗渗要求的混凝土	硅酸盐水泥 火山灰水泥	普通水泥 粉煤灰水泥 复合水泥	矿渣水泥
	有耐磨性要求的混凝土	硅酸盐水泥	普通水泥	矿渣水泥 火山灰水泥 粉煤灰水泥 复合水泥
	受侵蚀性介质作用的混凝土	矿渣水泥 火山灰水泥 粉煤灰水泥 复合水泥	普通水泥	硅酸盐水泥

2)水泥强度等级的选择

①水泥强度等级应与工程施工图中混凝土设计强度等级相适应,混凝土强度等级越高,所选择的水泥强度等级也应越高。

②强度等级高的混凝土(C40以上)所用水泥强度等级应为混凝土强度等级的0.9~1倍。

③用于一般素混凝土(如垫层)的水泥强度等级不得低于32.5。

④用于一般钢筋混凝土的水泥强度等级不得低于32.5R。

⑤预应力混凝土、有抗冻要求的混凝土、大跨度重要结构工程的混凝土等的水泥强度等级不得低于42.5R。

⑥一般来说,C20以下强度等级混凝土所用水泥强度等级应为混凝土强度等级的2倍。

⑦C20~C40强度等级的混凝土所用水泥强度等级应为混凝土强度等级的1.5~2倍。

小组讨论并完成表2.6。

表2.6　水泥品种和强度等级

设计要求	水泥品种	水泥强度等级
C30 YKB3606—4		
C30 大梁、柱子		
C30 桩基础		
C15 混凝土垫层		

注：YKB3606—4表示长度为3.6 m、宽度为0.6 m、荷载等级为4级的预应力空心楼板。

2.4　水泥的质量鉴别

小组讨论

用于工程中的水泥必须是质量合格的水泥,可采用哪些方法鉴别水泥的质量呢?

2.4.1　水泥质量的检查方法

①检查包装袋或卡片上的标志内容是否清晰完整。

②按国家标准及规范规定抽取水泥试样,进行各项性能检测试验。

③将检测试验结果与质量标准相比较,判定水泥质量,确定能否使用或如何使用。

④当对水泥质量有怀疑或水泥出厂超过3个月时,应进行取样复检,并按复检结果使用。

2.4.2　水泥的取样送检

1)取样方法

以同一生产厂家、同一强度等级、同一品种、同一出厂批号且连续进场的水泥,袋装不超过200 t为一批,散装不超过500 t为一批,每批取样不少于一次。且取样应具有代表性,可以从20个以上不同部位或20袋中抽取约1 kg的等量样品,总量至少12 kg。

2)填写送检委托(收样)单

材料抽检样品必须送具有相应资质等级的实验室进行检测试验,送检单位(人)须填写材料检测委托(收样)单。

2.4.3　水泥质量的结果判定

《通用硅酸盐水泥》(GB 175—2023)规定:

①检验结果均符合组分及化学指标、安定性、凝结时间、细度、强度的规定时,为合格品。

②检验结果不符合组分及化学指标、安定性、凝结时间、细度、强度的任一项规定时,为不合格品。

1. 在教师指导下,学习填写水泥检测委托(收样)单(表2.7)并进行各项性能检测试验,做好数据记录和结果计算及评定。

表2.7　水泥检测委托(收样)单

委托单位填写	工程代码			品　种			强度等级	
	委托单位			样品数量			代表数量	
	工程名称			出厂日期	年　月　日		出厂编号	
	使用部位			送样人			联系电话	
				生产单位				
委托单位填写	委托检测项目(检测项目打"√",不检测项目打"×"。此行不留空白)	标准稠度用水量	细　度	凝结时间	安定性	强　度	强度快速测定	
见证单位填写	见证单位	见证人	证书编号	联系电话	备注			
检测单位填写	样品状态	有无见证人	收样人	收样日期				
				年　月　日				

2. 根据某实验室出具的某水泥试样的检测报告(表2.8),请判定该水泥的质量并填写在结论栏内。

表 2.8　水泥试样检测报告

委托单位：×××建筑公司　　　　　　工程名称：××住宅
送样日期：2024 年 6 月 18 日　　　　报告日期：2024 年 7 月 17 日
生产厂家：××水泥厂　　　　　　　品种，等级：P·F 32.5R
检测依据：GB/T 17671—2021　GB/T 1345—2005　GB/T 1346—2011

出厂日期	2024 年 6 月 7 日	操作室温度	21 ℃	操作室湿度	65%	养护室温度	20 ℃	养护室湿度	97%
检测项目	细度	标准稠度用水量	凝结时间		安定性		抗压强度/MPa		抗折强度/MPa	
			初凝	终凝	试饼法	雷氏法	3 d	28 d	3 d	28 d
检测结果	8.5%	26.6%	2 h 45 min	4 h 05 min	合格	—	17.5	37.8	4.2	5.8
结　论										

批准人：　　　　校核：　　　　检测：

××建设工程质量检测所

2.5　水泥的储存和运输

　　水泥呈极干燥的粉末状,很容易吸收空气中的水分,发生水化反应凝结成块状,从而失去胶结能力,活性降低,强度降低,时间越长其强度降低就越多。

　　①储存和运输时应注意防水、防潮并避免混入杂物:

　　●运输袋装水泥时,必须用防水苫布将车顶蒙好,既可防雨,又能避免水泥飞到空中造成扬尘污染。运输散装水泥应使用符合国家标准的专用运输车,直接卸入现场特制的储仓。

　　●储存水泥要有专用仓库,库房应有防潮、防漏措施;临时存放更应注意上盖下垫,如图 2.17 所示。

图 2.17　临时存放水泥

- 存放袋装水泥时,地面垫板要离地 300 mm,四周离墙 300 mm。
- 袋装水泥的堆放高度一般不应超过 10 袋,以免造成底层水泥纸袋破损而受潮变质和污染损失。
- 散装水泥必须盛放在密闭的库房或容器内。

②按不同品种、强度等级和出厂日期分别运输和存放水泥。

③使用水泥时应注意先进先出、先存先用。

④水泥的有效存放期为 3 个月(从出厂日期算起),超过有效期的水泥视为过期水泥。

⑤使用过期水泥前应重新鉴定强度等级,按鉴定后的强度等级使用。

练习作业

1. 石灰与水泥都是胶凝材料,二者有何不同?

2. 水泥包装袋上印有哪些标志?

3. 常用的 6 大水泥品种名称、代号和包装袋两侧面印刷字体颜色有何区别?

4. 国家标准对水泥的细度、凝结时间、体积安定性、强度有何规定?

5. 水泥的初凝时间为什么不能太早?终凝时间为什么不能太迟?

6. 引起水泥体积安定性不良的原因是什么?安定性不合格的水泥能否用于工程中?

7.硅酸盐水泥和普通水泥的耐腐蚀性为什么较其他4种水泥差？

8.请为下列混凝土构件和工程选择合适的水泥品种：
①海洋工程；
②大跨度结构工程、高强度预应力混凝土工程；
③工业窑炉基础；
④紧急抢修工程和紧急军事工程；
⑤桥墩、堤坝。

9.水泥的有效期是多久？对过期水泥应如何处理？

动建议

1.组织学生参观水泥生产企业和水泥储存仓库，了解水泥的生产工艺及成品包装情况。
2.组织学生参观水泥实验室，听取试验员对水泥试验仪器及其功能的介绍。
3.观看有关水泥试验过程的录像，讨论水泥各项性能的重要性。
4.请几位有经验的现场施工员讲解、介绍水泥的使用及其重要性。
5.组织学生收集有关使用不合格水泥或水泥选用不当造成建筑工程质量问题或毁损事例，讨论使用不合格水泥或水泥选用不当的危害。

学习鉴定

1.填空题

(1)建筑工程中常用的通用水泥品种是：_____、_____、_____、_____、_____、_____。

(2)生产水泥的原料有_____、_____、_____，水泥的生产过程可概括为"_____"4个字。

(3)硅酸盐水泥熟料的主要矿物成分有_____、_____、_____、_____4种。除此之外，还含有少量有害成分，如_____、_____。

(4)水泥的凝结硬化过程就是_____与_____的作用过程。

(5)在水泥熟料中，掺入石膏的作用是_____水泥的凝结时间。

(6)造成水泥安定性不合格的原因是水泥中含有过多的_____、_____或_____掺量过多。检验水泥安定性常用_____法。

（7）水泥的_____和_____强度是确定水泥强度等级的依据。用_____法检验水泥的强度，检验水泥强度的规定龄期是_____d和_____d。影响水泥强度的主要因素是_____和_____。

（8）引起水泥石腐蚀的根本原因是水泥石中含有容易引起腐蚀的_____成分以及水泥石本身不够_____。

（9）水泥的有效存放期是_____（从_____算起），超过有效期的水泥应_____，按_____使用。

（10）大体积混凝土工程不能采用_____水泥，抗渗混凝土工程不宜选用_____水泥；抗冻混凝土工程宜优先选用_____水泥；快硬早强的紧急抢修工程宜优先采用_____水泥。

（11）填图：

2. 名词解释

（1）通用硅酸盐水泥——

（2）复合硅酸盐水泥——

（3）水泥的初凝时间——

（4）水泥的终凝时间——

（5）水泥的体积安定性——

（6）水硬性胶凝材料——

3. 判断题

（1）水泥的颗粒越细，水化速度越慢，凝结硬化越慢。　　　　　　　　（　　）

（2）42.5R 表示水泥 28 d 的抗压强度≥42.5 MPa，且早期强度较高，属早强型。（　　）

（3）由于水泥是水硬性胶凝材料，所以不怕受潮和雨淋。　　　　　　　（　　）

4. 简答题

（1）影响水泥凝结硬化的因素有哪些？

（2）往水泥中掺混合材料的目的是什么？

（3）如何防止水泥石遭受腐蚀？

（4）水泥的存放时间过长会出现哪些问题？应怎样保管水泥？

（5）水泥抽样是如何规定的？

（6）国家标准对水泥检验结果的规定是什么？

（7）安定性不合格的水泥会产生什么危害？

（8）如何选用水泥？

 教学评估

教学评估见本书附录。

3　集　料

本章内容简介

集料的类别、特征、技术性能及应用

集料的质量判定及正确选用

名词解释

本章教学目标

能正确叙述集料的种类、特征及应用

描述集料的各项技术性能及其产生的影响

具备鉴别集料类别、规格、质量的能力，并能正确选用

问 题引入

你认识下列图片吗？你能说出它们的名称和作用吗？

（1）＿＿＿＿＿＿＿＿＿

（2）＿＿＿＿＿＿＿＿＿

（3）＿＿＿＿＿＿＿＿＿

3.1 集料概述

3.1.1 集料的定义

集料是混凝土中用的砂子、石子两种材料的总称。

砂子、石子两种材料在混凝土中起骨架作用,因此又将它们称为骨料。

砂子称为细集料(粒径为 0.15 ~ 4.75 mm),石子称为粗集料(粒径大于 4.75 mm)。

3.1.2 集料的分类及特点

集料 {
  细集料(砂子) {
    天然砂:如河砂,砂粒洁净、圆滑,拌制的混凝土流动性好
    机制砂:砂粒表面粗糙,拌制的混凝土强度高
  }
  粗集料(石子) {
    卵石:如河卵石,其表面光滑、洁净,拌制的混凝土流动性好
    碎石:颗粒表面粗糙、多棱角,拌制的混凝土强度高
  }
}

混凝土用集料应符合国家标准《建设用砂》(GB/T 14684—2022)、《建设用卵石、碎石》(GB/T 14685—2022)的要求。

> 请阅读有关砂子、石子的国家、行业标准:
> 《建设用砂》(GB/T 14684—2022)
> 《建设用卵石、碎石》(GB/T 14685—2022)
> 《普通混凝土用砂、石质量及检验方法标准》(JGJ 52—2006)

3.1.3 混凝土中各组成材料的作用

1)水泥浆(水泥 + 水)

水泥浆填充集料间的空隙,包裹集料的表面,起润滑和黏结作用。

2)集料(砂子、石子)

集料起骨架作用,能提高混凝土的强度,减少水泥用量和体积收缩。

阅读理解

在普通混凝土中,水泥浆包裹砂粒表面并填充砂子空隙而形成砂浆。砂浆包裹石子表面并填充石子空隙组成密实整体,如图 3.1 所示。在混凝土拌合物中,水泥和水形成水泥浆,水

泥浆在砂、石颗粒间起润滑作用,使拌合物具有良好的可塑性而便于施工。水泥浆硬化后形成水泥石,将砂子、石子牢固地黏结在一起,形成具有一定强度的人造石材。砂子、石子构成混凝土骨架,可减少水泥用量和混凝土收缩。

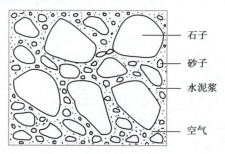

图 3.1　混凝土结构示意图

3)集料的颗粒级配和粗细程度及其对混凝土产生的影响

①颗粒级配。颗粒级配是指大小不同的颗粒相互搭配的比例情况,如图 3.2 所示。

级配良好的集料是在粗颗粒的间隙中填充中颗粒,中颗粒的间隙中填充细颗粒,这样一级一级地填充,使集料形成密集的堆积,空隙率达到最小程度,如图 3.2(c)所示。

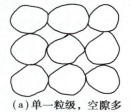 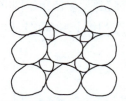 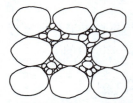

（a）单一粒级,空隙多　　（b）两种颗粒搭配,空隙较多　　（c）多种颗粒搭配,空隙最少

图 3.2　集料的颗粒级配

集料颗粒级配对混凝土的影响:级配良好→集料间空隙少→混凝土密实度大、强度高、耐久性好、水泥用量少、体积收缩小。

阅读理解

在混凝土中,集料间的空隙由水泥浆填充,细集料级配良好,可使填充砂子空隙的水泥浆较少,既节约了水泥用量,又有助于混凝土强度和耐久性的提高。同理,粗集料的级配良好,可使填充石子空隙的水泥砂浆较少,也可节约水泥用量。粗、细集料级配良好,则制成的混凝土密实度大、强度高、收缩小。

观察思考

取两份质量相同的石子(一种是单一粒级,另一种是多种粒级),分别放入两个相同容积的容器中,再向容器中注入水,直到刚好淹没石子。试问,哪种石子的容器中注入的水多?为什么?

阅读理解

在混凝土中,集料表面由水泥浆包裹,采用相同用量的集料时,若集料较粗,粒径较大,则其总表面积较小,需要包裹集料表面的水泥浆用量就可减少,从而达到节约水泥的目的。过细的集料,由于颗粒太小,其总表面积较大,不仅水泥用量增加,而且混凝土的强度还会降低,体积收缩也会加大;过粗的集料,会产生离析、泌水现象,使拌合物的和易性变差。

在只有细砂或特细砂的地区,用细砂或特细砂来配制混凝土,往往水泥用量过多。为节约水泥,可掺减水剂、引气剂等外加剂,也可以掺加石屑。

②粗细程度对混凝土的影响。粗细程度是指不同粒径的集料颗粒混合在一起的总体粗细程度。集料颗粒的粗细程度决定集料颗粒的总表面积,从而影响水泥用量。集料粒径粗大→集料颗粒的总表面积小→水泥用量少、混凝土体积收缩小。

提问回答

1. 混凝土中各组成材料在硬化前后各起什么作用?

2. 级配良好的集料有什么特点? 对混凝土有何影响?

3. 集料的粒径大小对混凝土有何影响?

4. 说说集料的颗粒级配和粗细程度这两个概念的区别。

3.2 细集料

3.2.1 细集料的粗细程度和颗粒级配测定方法

《建设用砂》(GB/T 14684—2022)规定,细集料的颗粒级配和粗细程度用筛分析法测定(图3.3和图3.4)。

图 3.3　砂子标准筛　　　　图 3.4　摇筛机

观看砂子的筛分析试验等。

砂子试验

用筛分析法测定砂的细度模数 M_x，是以 500 g 干砂试样过筛，其各级筛对应的分计筛余和累计筛余如表 3.1 所示。

表 3.1　分计筛余与累计筛余的关系

方孔筛尺寸/mm	筛余量/g	分计筛余/%	累计筛余/%
4.75	m_1	$a_1 = \dfrac{m_1}{500} \times 100$	$A_1 = a_1$
2.36	m_2	$a_2 = \dfrac{m_2}{500} \times 100$	$A_2 = a_1 + a_2$
1.18	m_3	$a_3 = \dfrac{m_3}{500} \times 100$	$A_3 = a_1 + a_2 + a_3$
0.60	m_4	$a_4 = \dfrac{m_4}{500} \times 100$	$A_4 = a_1 + a_2 + a_3 + a_4$
0.30	m_5	$a_5 = \dfrac{m_5}{500} \times 100$	$A_5 = a_1 + a_2 + a_3 + a_4 + a_5$
0.15	m_6	$a_6 = \dfrac{m_6}{500} \times 100$	$A_6 = a_1 + a_2 + a_3 + a_4 + a_5 + a_6$

$$M_x = \frac{A_2 + A_3 + A_4 + A_5 + A_6 - 5A_1}{100 - A_1}$$

砂的粗细程度用细度模数 M_x 表示，根据 M_x 的大小，将砂分为粗砂、中砂、细砂、特细砂 4 种规格。

粗砂：$M_x = 3.7 \sim 3.1$　　　　中砂：$M_x = 3.0 \sim 2.3$

细砂：$M_x = 2.2 \sim 1.6$　　　　特细砂：$M_x = 1.5 \sim 0.7$

例题

用 500 g 干砂做筛分析试验,其筛分结果如表 3.2 所示。

表 3.2　筛分析计算实例

方孔筛尺寸/mm	筛余量/g	分计筛余/%	累计筛余/%
4.75	$m_1 = 25$	$a_1 = \dfrac{m_1}{500} \times 100 = 5$	$A_1 = a_1 = 5$
2.36	$m_2 = 70$	$a_2 = \dfrac{m_2}{500} \times 100 = 14$	$A_2 = a_1 + a_2 = 19$
1.18	$m_3 = 70$	$a_3 = \dfrac{m_3}{500} \times 100 = 14$	$A_3 = a_1 + a_2 + a_3 = 33$
0.60	$m_4 = 90$	$a_4 = \dfrac{m_4}{500} \times 100 = 18$	$A_4 = a_1 + a_2 + a_3 + a_4 = 51$
0.30	$m_5 = 120$	$a_5 = \dfrac{m_5}{500} \times 100 = 24$	$A_5 = a_1 + a_2 + a_3 + a_4 + a_5 = 75$
0.15	$m_6 = 100$	$a_6 = \dfrac{m_6}{500} \times 100 = 20$	$A_6 = a_1 + a_2 + a_3 + a_4 + a_5 + a_6 = 95$

根据表 3.2 计算 M_x:

$$M_x = \frac{A_2 + A_3 + A_4 + A_5 + A_6 - 5A_1}{100 - A_1}$$

$$= \frac{19 + 33 + 51 + 75 + 95 - 5 \times 5}{100 - 5}$$

$$= 2.6$$

因为中砂的 $M_x = 3.0 \sim 2.3$,所以该砂属于中砂。

练习作业

各组同学完成教师给出的练习题,比一比哪组完成得又快又准确。

细集料的颗粒级配用级配区表示,根据 0.60 mm 筛孔的累计筛余,将砂分为 3 个级配区,即 1 区、2 区、3 区,如表 3.3 所示。

表 3.3　建设用砂的颗粒级配区及累计筛余

砂的分类	天然砂			机制砂、混合砂		
级配区	1 区	2 区	3 区	1 区	2 区	3 区
方孔筛尺寸/mm	累计筛余/%					
4.75	10 ~ 0	10 ~ 0	10 ~ 0	5 ~ 0	5 ~ 0	5 ~ 0
2.36	35 ~ 5	25 ~ 0	15 ~ 0	35 ~ 5	25 ~ 0	15 ~ 0
1.18	65 ~ 35	50 ~ 10	25 ~ 0	65 ~ 35	50 ~ 10	25 ~ 0
0.60	85 ~ 71	70 ~ 41	40 ~ 16	85 ~ 71	70 ~ 41	40 ~ 16
0.30	95 ~ 80	92 ~ 70	85 ~ 55	95 ~ 80	92 ~ 70	85 ~ 55
0.15	100 ~ 90	100 ~ 90	100 ~ 90	97 ~ 85	94 ~ 80	94 ~ 75

阅读理解

经筛分析检验的砂,各筛的累计筛余落在表 3.3 的任意一个级配区内,都属合格或良好。混凝土用砂的级配应符合表 3.3 的规定。

配制混凝土时宜优先选用 2 区砂。当采用 1 区砂时,应适当增加砂用量,并保持足够的水泥用量,以满足混凝土的和易性要求;当采用 3 区砂时,宜适当减少砂用量,以保证混凝土强度。

观察思考

为了保证混凝土的质量又节约水泥,应优先选用中砂,一般不选用细砂或特细砂,这是为什么?

3.2.2　细集料含泥量、泥块含量、有害物质含量及规定

表 3.4 是细集料中含泥量和泥块含量的规定。

表 3.4　天然砂含泥量和泥块含量规定　　　　单位:%

类　别	Ⅰ类	Ⅱ类	Ⅲ类
含泥量(质量分数)	≤1.0	≤3.0	≤5.0
泥块含量(质量分数)	≤0.2	≤1.0	≤2.0

①含泥量是指天然砂中粒径小于 0.075 mm 的颗粒含量。

②泥块含量是指砂中原粒径大于 1.18 mm,经水浸泡、淘洗等处理后小于 0.60 mm 的颗粒含量。

观察思考

为什么做上述规定?

阅读理解

含泥量多会降低集料与水泥之间的黏结力,从而降低混凝土的强度和耐久性。泥块比泥土对混凝土的性能影响更大,因此必须严格控制其含量。

有害物质是指砂中含有的云母、轻物质、有机物、硫化物及硫酸盐、氯化物、贝壳等。

集料中不应混有草根、树叶、树枝、塑料、煤块和炉渣等杂物。

3.2.3　细集料的表观密度、堆积密度、空隙率

《建设用砂》(GB/T 14684—2022)规定:除特细砂外,砂的表观密度不小于 2 500 kg/m³、松散堆积密度不小于 1 400 kg/m³、空隙率不大于 44%。

空隙率的大小能反映散粒状材料在堆积体积内的紧密程度。集料的级配越好,空隙率就

越小,则材料越密实,能节约水泥。空隙率 = 1 - 堆积密度/表观密度 = 1 - 密实度。

堆积密度可用来计算材料的运输量和用量。如测得某砂子的堆积密度为 1 550 kg/m³,一辆运输车容积为 2 m³,则一车砂子的质量为 1 550 kg/m³ × 2 m³ = 3 100 kg。

名词释义

表观密度——自然状态下,单位体积(包括实体积和孔隙体积在内)材料的质量。

堆积密度——疏松、散粒状材料(如砂子、石子等)在堆积状态下,单位体积(包括孔隙和空隙体积在内)的质量。

空隙率——疏松、散粒状材料在堆积体积内,颗粒之间的空隙体积占堆积体积的百分率。

密实度——在材料体积内固体物质的充实程度,即固体物质体积占总体积的百分率。

3.3 粗集料

3.3.1 粗集料的颗粒级配

粗集料的颗粒级配及其对混凝土的影响同细集料。

粗集料的颗粒级配分为连续粒级(也称为连续级配)和单粒粒级(也称为间断级配)两种。

粗集料的颗粒级配用筛分析法测定,其方法和计算原理与细集料相同,只是所使用的标准筛筛孔尺寸不同(表 3.5)。

粗集料的颗粒级配应符合表 3.5 的规定。

阅读理解

连续粒级的石子其颗粒尺寸由大到小连续分布,配制的混凝土拌合物和易性好,不易发生离析现象,目前使用较多。

单粒粒级的石子是人为剔除一级或几级中间粒径的颗粒,大颗粒的空隙直接由比它小得多的颗粒填充,由此增强骨架作用,空隙率较小,可减少水泥用量;但混凝土拌合物易产生离析,导致施工困难,故使用较少。单粒粒级石子主要用于组合成具有要求级配的连续粒级,或与连续粒级混合使用,用以改善级配或配成较大粒度的连续粒级;不宜用单一的单粒粒级配制混凝土。

3.3.2 粗集料的粗细程度及最大粒径的选择

粗集料的粗细程度用最大粒径表示。公称粒级的上限为该粒级的最大粒径。如公称粒级为 5 ~ 40 mm 中的 40 mm 是该粒级的上限值,即为该粒级的最大粒径。

粗集料的规格用公称粒级(即最小粒径至最大粒径的尺寸)表示,如 5 ~ 20 mm,5 ~ 40 mm。

表 3.5 碎石和卵石的颗粒级配

公称粒径/mm		累计筛余/% 方孔筛孔径/mm											
		2.36	4.75	9.50	16.0	19.0	26.5	31.5	37.5	53.0	63.0	75.0	90
连续粒级	5~16	95~100	85~100	30~60	0~10	0	—	—	—	—	—	—	—
	5~20	95~100	90~100	40~80	—	0~10	0	—	—	—	—	—	—
	5~25	95~100	90~100	—	30~70	—	0~5	0	—	—	—	—	—
	5~31.5	95~100	90~100	70~90	—	15~45	—	0~5	0	—	—	—	—
	5~40	—	95~100	70~90	—	30~65	—	—	0~5	0	—	—	—
单粒粒级	5~10	95~100	80~100	0~15	0	—	—	—	—	—	—	—	—
	10~16	—	95~100	80~100	0~15	0	—	—	—	—	—	—	—
	10~20	—	95~100	85~100	—	0~15	0	—	—	—	—	—	—
	16~25	—	—	95~100	55~70	25~40	0~10	—	—	—	—	—	—
	16~31.5	—	95~100	—	85~100	—	—	0~10	0	—	—	—	—
	20~40	—	—	95~100	—	80~100	—	—	0~10	0	—	—	—
	25~31.5	—	—	—	95~100	—	80~100	0~10	—	—	—	—	—
	40~80	—	—	—	—	95~100	—	—	70~100	—	30~60	0~10	0

注:"—"表示该孔径累计筛余不做要求,"0"表示该孔径累计筛余为 0。

阅读理解

粗集料的最大粒径反映了集料的粗细程度,最大粒径越大,则集料的颗粒越粗,总表面积越小,用于包裹石子表面的水泥浆(或砂浆)数量也越少。因此,为了节省水泥,粗集料的最大粒径在条件允许时应尽量选大些,但受结构截面尺寸、钢筋间净距、泵管内径等因素的限制。

《混凝土结构工程施工质量验收规范》(GB 50204—2015)规定:

● 混凝土用的粗集料,其最大粒径不得超过结构截面最小尺寸的1/4,且不得大于钢筋间最小净距的3/4;

● 对于混凝土实心板,集料的最大粒径不宜超过板厚的1/3,且不得超过40 mm。

● 对于泵送混凝土,其碎石最大粒径不宜超过泵管内径的1/3,卵石最大粒径不宜超过泵管内径的1/2.5。

提问回答

某混凝土实心板,板厚为120 mm,应选择哪种规格的石子?

3.3.3 粗集料的含泥量、泥粉含量、泥块含量、有害物质含量及规定

粗集料中的泥、泥粉、泥块、有害物质的定义如下:

卵石中粒径小于0.075 mm的黏土颗粒称为泥。碎石中粒径小于0.075 mm的黏土和石粉颗粒称为泥粉。卵石、碎石中原粒径大于4.75 mm,但经水浸泡、淘洗等处理后小于2.36 mm的颗粒称为泥块。卵石、碎石中的有机物、硫化物及硫酸盐称为有害物质。

粗集料的含泥量、泥粉含量、泥块含量、有害物质含量应符合表3.6、表3.7的规定。

表3.6 粗集料中泥、泥粉、泥块含量　　　　　单位:%

类　别	Ⅰ类	Ⅱ类	Ⅲ类
卵石含泥量(质量分数)	≤0.5	≤1.0	≤1.5
碎石泥粉含量(质量分数)	≤0.5	≤1.5	≤2.0
泥块含量(质量分数)	≤0.1	≤0.2	≤0.7

表3.7 有害物质含量　　　　　单位:%

类　别	Ⅰ类	Ⅱ类	Ⅲ类
有机物含量	合　格	合　格	合　格
硫化物及硫酸盐含量(以SO_3质量计)	≤0.5	≤1.0	≤1.0

3.3.4 粗集料中针、片状颗粒含量及规定

粗集料中凡颗粒长度大于该颗粒所属粒级的平均粒径2.4倍者为针状颗粒,厚度小于平

均粒径 0.4 倍者为片状颗粒(平均粒径是指该粒级上、下限粒径的平均值)。粗集料中的针、片状颗粒含量用针、片状规准仪(图 3.5)按《普通混凝土用砂、石质量及检验方法标准》(JGJ 52—2006)测定。

针状规准仪　　　片状规准仪

图 3.5　针、片状颗粒及针、片状规准仪

这些颗粒本身容易折断,含量不能太多,否则会严重降低混凝土拌合物的和易性和混凝土的强度,因此应严格控制其在集料中的含量,应符合表 3.8 的规定。

表 3.8　针、片状颗粒含量　　　　　　单位:%

项　目	指　标		
	Ⅰ类	Ⅱ类	Ⅲ类
针、片状颗粒含量(质量分数)	≤5	≤8	≤15

观看石子针、片状颗粒含量试验。

石子针、片状颗粒含量试验

3.3.5　粗集料表观密度、堆积密度、空隙率

《建设用卵石、碎石》(GB/T 14685—2022)规定:卵石、碎石的表观密度不小于 2 600 kg/m³,连续级配松散堆积空隙率应符合表 3.9 的规定。

表 3.9　连续级配松散堆积空隙率　　　　　　单位:%

类　别	Ⅰ类	Ⅱ类	Ⅲ类
空隙率	≤43	≤45	≤47

3.3.6　粗集料的压碎指标

压碎指标是衡量粗集料在逐渐增加的荷载作用下抵抗压碎的能力,起衡量粗集料强度的作用。压碎指标值越小,则粗集料的强度越高。粗集料的压碎指标用石子压碎仪(图 3.6)和压力试验机(图 3.7)按《普通混凝土用砂、石质量及检验方法标准》(JGJ 52—2006)测定,并应符合表 3.10 的规定。

图3.6　石子压碎仪　　　　图3.7　压力试验机

表 3.10　粗集料的压碎指标　　　　单位:%

类　　别	Ⅰ 类	Ⅱ 类	Ⅲ 类
碎石	≤10	≤20	≤30
卵石	≤12	≤14	≤16

石子压碎
指标试验

观看石子压碎指标试验。

按照国家标准规定,Ⅰ类集料宜用于强度等级≥C60的混凝土,Ⅱ类集料宜用于强度等级为 C30~C55 及抗冻、抗渗或其他要求的混凝土,Ⅲ类集料宜用于强度等级≤C25 的混凝土和建筑砂浆(指细集料)。

3.4　集料的取样送检

3.4.1　检验项目

1)砂的抽检项目

每一验收批应进行颗粒级配、含泥量、泥块含量、石粉含量、有害物质含量的检测,以及坚固性、松散堆积密度试验。

2）石子的抽检项目

每一验收批应进行颗粒级配，含泥量，泥块含量，针、片状颗粒含量，有害物质含量的检测，以及坚固性和强度试验。

3.4.2 取样方法

建筑用砂子、石子按不同类别、规格、适用等级，以每 2 000 t 为一验收批，不足 2 000 t 亦为一批。

在料堆上取样时，取样部位应均匀分布。取样前，先将取样部位表层铲除，然后从不同部位随机抽取大致等量的砂 8 份，组成一组样品；在料堆的顶部、中部和底部均匀分布的 15 个不同部位取得大致等量的石子 15 份，组成另一组样品。

取样质量应符合 GB/T 14684—2022、GB/T 14685—2022 或 JGJ 52—2006 的规定，按表 3.11 及表 3.12 选取。

表 3.11　砂子单项试验的取样质量　　　　　　　　　　单位：kg

序号	试验项目	最少取样质量	序号	试验项目	最少取样质量
1	颗粒级配	4.4	8	硫化物与硫酸盐含量	0.6
2	含泥量	4.4	9	氯化物含量	4.4
3	亚甲蓝值与石粉含量	6.0	10	贝壳含量	9.6
4	泥块含量	20.0	11	坚固性	8.0
5	云母含量	0.6	12	表观密度	2.6
6	轻物质含量	3.2	13	松散堆积密度与空隙率	5.0
7	有机物含量	2.0	14	碱集料反应	20.0

表 3.12　石子单项试验的取样质量

试验项目	最少取样质量/kg							
	最大粒径/mm							
	9.5	16.0	19.0	26.5	31.5	37.5	63.0	75.0
颗粒级配	9.5	16.0	19.0	25.0	31.5	37.5	63.0	80.0
卵石含泥量,碎石泥粉含量	8.0	8.0	24.0	24.0	40.0	40.0	80.0	80.0
泥块含量	8.0	8.0	24.0	24.0	40.0	40.0	80.0	80.0
针、片状颗粒含量	1.2	4.0	8.0	12.0	20.0	40.0	40.0	40.0
表观密度	8.0	8.0	8.0	8.0	12.0	16.0	24.0	24.0
堆积密度与空隙率	40.0	40.0	40.0	40.0	80.0	80.0	120.0	120.0
碱集料反应	20.0	20.0	20.0	20.0	20.0	20.0	20.0	20.0
有机物含量	按试验要求的粒级和质量取样							
硫化物及硫酸盐含量								
坚固性								
岩石抗压强度	选取有代表性的完整石块，按试验要求锯切或钻取成试验用样品							
压碎指标	按试验要求的粒级和质量取样							

每组样品应妥善包装,避免细料散失及污染,并填写材料检测委托(收样)单,如表3.13和表3.14所示。

表 3.13 建设用砂检测委托(收样)单

委托单位填写	工程代码				样品名称		样品规格		
	委托单位				样品数量		代表数量		
	工程名称				产 地		进场日期	年 月 日	
	使用部位				送 样 人		联系电话		
	委托检测项目(检测项目打"√",不检测项目打"×"。此行不留空白)	细度模数	表现密度	堆积密度	空隙率	含泥量	泥块含量	云母含量	有机物含量	坚固性
见证单位填写	见证单位		见证人		证书编号		联系电话	备注	
检测单位填写	样品状态		有无见证人		收样人		收样日期		
							年 月 日		

表 3.14 建设用碎(卵)石检测委托(收样)单

委托单位填写	工程代码				样品名称		样品规格		
	委托单位				样品数量		代表数量		
	工程名称				产 地		进场日期	年 月 日	
	使用部位				送 样 人		联系电话		
	委托检测项目(检测项目打"√",不检测项目打"×"。此行不留空白)	筛分析	表现密度	堆积密度	空隙率	含泥量	泥块含量	硫化物及硫酸盐含量	有机质含量	针、片状颗粒含量	压碎指标
见证单位填写	见证单位		见证人		证书编号		联系电话	备注	
检测单位填写	样品状态		有无见证人		收样人		收样日期		
							年 月 日		

3.4.3 集料的各项性能试验及结果判定

进行砂子、石子的各个项目试验，并做好数据记录，计算并判定结果。

试验方法和规则参见 GB/T 14684—2022、GB/T 14685—2022 或 JGJ 52—2006 的规定。

检验时，若有一项性能不合格，应从同一批材料中加倍取样，对不符合标准要求的项目进行复检。复检后，若该项指标合格，可判为该批材料合格；若仍不合格，则判该批材料为不合格。

1. 在教师指导下，在现场抽取送检砂子、石子试样并学习填写材料检测委托(收样)单，如表 3.13 和表 3.14 所示。

2. 请根据某实验室出具的砂子、石子试样的检测报告(表 3.15 和表 3.16)，判定该砂子、石子的质量，并填写在结论栏内。

表 3.15　砂子试样检测报告

委托单位：×××建筑公司　　　　　　　　工程名称：×××办公楼
送样日期：2024 年 4 月 19 日　　　　　　报告日期：2024 年 4 月 25 日
材料产地：长江重庆段　　　　　　　　　　品种规格：长江特细砂
检测依据：JGJ 52—2006

检测项目		检测结果	筛孔尺寸/mm	1			2		
				筛余量/g	分计筛余/%	累计筛余/%	筛余量/g	分计筛余/%	累计筛余/%
表观密度/(kg·m⁻³)		2 670	4.75	0	0	0	0	0	0
松散堆积密度/(kg·m⁻³)		1 360	2.36	0	0	0	0	0	0
紧密堆积密度/(kg·m⁻³)		1 540	1.18	0	0	0	0	0	0
空隙率/%	松散	49	0.600	0	0	0	0	0	0
	紧密	42	0.300	38	7.6	8	37	7.4	7
含泥量(质量分数)/%		1.7	0.150	387	77.4	85	388	77.6	85
泥块含量(质量分数)/%		—	0.075	66	13.2	98	67	13.4	98
云母含量(质量分数)/%		—	筛底	9	1.8	100	8	1.6	100
有机物检验		—	细度模数	0.93			0.92		
—			平均值	0.9					
结论：									

表 3.16 石子试样检测报告

委托单位:×××建筑公司　　　　　　　　工程名称:×××住宅

送样日期:2024 年 4 月 19 日　　　　　　　报告日期:2024 年 4 月 25 日

材料产地:长江重庆段　　　　　　　　　　品种规格:5~40 mm 卵石

检测依据:JGJ 52—2006

检测项目		检测结果	筛孔尺寸/mm	筛余量/g	分计筛余/%	累计筛余/%
表观密度/(kg·m⁻³)		2 720	53.0	0	0	0
松散堆积密度/(kg·m⁻³)		1 490	37.5	945	11.8	12
紧密堆积密度/(kg·m⁻³)		1 680	31.5	1 048	13.1	25
空隙率/%	松散	45	26.5	1 152	14.4	39
	紧密	38	19.0	1 415	17.7	57
含泥量(质量分数)/%		0.2	16.0	1 608	20.1	77
泥块含量(质量分数)/%		0	9.50	1 137	14.2	91
针、片状颗粒含量 (质量分数)/%		2.5%	4.75	624	7.8	99
压碎指标/%		8.2%	筛底	71	0.9	100
结论:						

练习作业

1. 普通混凝土的组成材料有哪几种?它们各起什么作用?

2. 什么是集料的级配?级配良好的集料有什么特征?采用级配很差的集料对混凝土有何影响?

3. 为什么在配制混凝土时一般不采用细砂或特细砂?

4. 在混凝土用砂子、石子的质量要求中,应限制哪些有害物质的含量?这些有害物质对混凝土有何影响?

5. 检验某砂子的级配,用 500 g 烘干试样进行筛分,结果如下表,试评定该砂的颗粒级配及粗细程度。

筛孔尺寸/mm	4.75	2.36	1.18	0.60	0.30	0.15	<0.15
筛余量/g	18	69	70	145	101	76	21

6. 什么是石子的最大粒径？为什么要限制最大粒径？工程上如何确定最大粒径？

7. 什么是石子的针、片状颗粒？为什么要限制这种颗粒的含量？拌制混凝土时理想的石子粒形是哪种？

8. 用碎石或卵石拌制的混凝土各有什么优缺点？配制高强混凝土时,宜采用碎石还是卵石？

9. 某钢筋混凝土梁的截面尺寸为 250 mm×400 mm,钢筋净距为 45 mm,试确定石子的最大粒径。

活动建议

活动1:组织学生实地参观考察施工工地现场或混凝土构件生产厂(场),并完成下列参观考察报告。

> 混凝土构件生产厂(场)参观考察报告
>
> 1.混凝土构件的生产用了哪些原材料？请分别说明原材料的名称、规格和等级。
>
> 2.混凝土构件的生产工艺过程包括哪些？
>
> 3.混凝土的搅拌加料顺序是怎样的？

活动2:组织学生实地参观考察建材实验室,听取试验员或教师对各项检测试验仪器设备的名称及功能介绍,并观看有关砂石试验的操作过程。要求学生认真参观后完成下列参观考察报告。

建材实验室参观考察报告

1. 你参观的建材实验室主要对哪些材料进行试验检测?

2. 上述各种受检材料的检测项目有哪些?

3. 在建材实验室里你看到了哪些检测仪器和设备?请写出其名称及用途。

习鉴定

1. 填空题

(1)在混凝土中,集料间的_____由水泥浆填充,集料的_____由水泥浆包裹。

(2)在相同质量下,较粗的集料总表面积_____(大、小),级配良好的集料空隙_____(多、少)。

(3)为了节约水泥,应选择_____(较粗、较细)的集料和_____(多种粒径、单一粒径)搭配的集料。

(4)细集料(砂子)的粗细程度用_____表示,国家标准将建设用砂分为_____、_____、_____、_____4种规格。

(5)集料的粗细程度和颗粒级配用_____法测定,M_x 越大,则砂子越_____(粗、细)。

(6)中砂的细度模数 $M_x =$ _____,细砂的细度模数 $M_x =$ _____。

(7)集料中的有害物质是指_____、_____、_____、_____、_____等。

(8)粗集料的颗粒级配有_____和_____两种。

(9)某集料的空隙率为39%,则其密实度为_____。

2. 名词解释

(1)颗粒级配——

(2)针、片状颗粒——

（3）堆积密度——

（4）空隙率——

3. 选择题

（1）砂子、石子等散粒材料的紧密程度用（　　）表示。

    A. 孔隙率　　　　　B. 空隙率　　　　　C. 吸水率　　　　　D. 筛余率

（2）某钢筋混凝土梁的截面尺寸为 240 mm × 450 mm，钢筋净距为 45 mm，石子应选择（　　）mm。

    A. 5 ~ 10　　　　　B. 5 ~ 20　　　　　C. 5 ~ 31.5　　　　　D. 5 ~ 40

（3）配制混凝土应优先选用（　　）砂，（　　）级配的石子。

    A. 粗　　　　　　B. 中　　　　　　C. 连续　　　　　　D. 间断

4. 简答题

（1）集料的颗粒级配和粗细程度会对混凝土产生哪些影响？

（2）混凝土中各种组成材料分别起什么作用？

（3）石子的最大粒径受哪些条件的限制？

教学评估

教学评估见本书附录。

4　混凝土

本章内容简介

混凝土的性能、特点及质量检验方法

影响混凝土质量的因素及提高混凝土质量的措施

混凝土施工配合比的换算方法

本章教学目标

能叙述混凝土的各项性能的定义、检测评定方法

能鉴别混凝土质量，并描述提高混凝土质量的措施

能进行混凝土施工配合比的换算

能正确选择组成混凝土的原材料

问 题引入

请观察下列图片，你认识并能说出图中内容吗？

(1) _____   (2) _____

(3) _____   (4) _____

(5) _____   (6) _____

4.1 混凝土概述

4.1.1 混凝土的定义

①混凝土由胶凝材料(水泥、沥青等)、颗粒状集料(砂子、石子等)和水组成。

②混凝土中胶凝材料、集料和水须按适当比例配合,搅拌均匀。

③硬化前称为拌合物,具有良好的可塑性。

④硬化后成为一个整体的复合固体,具有较高的强度和硬度。

4.1.2 混凝土的特点

①可以根据不同要求,配制出具有特定性能(防冻、抗渗、耐热、耐酸等)的混凝土产品。

②拌合物可塑性良好,可浇筑成不同形状和大小的制品或构件。

③与钢筋复合组成钢筋混凝土,互补优缺点,使混凝土的应用范围更加广阔。

④可以现浇成抗震性良好的整体建筑物,也可以做成各种类型的装配式预制构件。

⑤可以充分利用工业废料,减少对环境的污染,有利于环保。

⑥自重大,抗拉强度低,呈脆性,易开裂。

⑦在施工中影响混凝土质量的因素较多,其质量容易产生波动。

4.1.3 混凝土的分类

①按胶凝材料不同分类,可分为水泥混凝土、石膏混凝土、水玻璃混凝土、硅酸盐混凝土、沥青混凝土、聚合物混凝土等。

②按混凝土的用途不同分类,可分为结构混凝土、道路混凝土、水工混凝土、耐热混凝土、耐酸混凝土、防射线混凝土等。

③按拌合物的流动性不同分类,可分为干硬性混凝土(坍落度 < 10 mm)、塑性混凝土(坍落度 ≥ 10 mm)。

④按混凝土的表观密度的大小分类,可分为重混凝土(表观密度 > 2 800 kg/m³)、普通混凝土(2 000 kg/m³ ≤ 表观密度 ≤ 2 800 kg/m³)、轻混凝土(表观密度 < 2 000 kg/m³)。

⑤按混凝土的施工方法分类,可分为自拌混凝土、预拌混凝土、泵送混凝土、喷射混凝土、压力灌浆混凝土、离心混凝土等。

⑥按混凝土的强度等级分类,可分为低强度混凝土(强度等级 ≤ C25)、中等强度混凝土(C30 ≤ 强度等级 ≤ C55)、高强度混凝土(C60 ≤ 强度等级 ≤ C95)、超高强混凝土(强度等级 ≥ C100)。

4.1.4 普通混凝土组成材料

普通混凝土是指用水泥作为胶凝材料,砂子、石子作为集料,再与水(必要时掺入外加剂或掺合料）按一定比例配合，经搅拌、成型、养护、硬化而成的具有一定强度的"人工石材"，即水泥混凝土，简称为"砼"。

1）水泥

水泥与水组成水泥浆，包裹在集料的表面并填充集料间的空隙，硬化前起润滑作用，使混凝土拌合物具有流动性，便于浇筑成型；凝结硬化过程中，水泥与水发生水化反应，生成的水化产物将砂、石集料胶结形成整体，使硬化后的混凝土具有一定的强度。为保证混凝土的施工质量，应正确、合理地选择水泥的品种和强度等级。水泥品种和强度等级的选择参见第 2 章。

2）砂子、石子

砂子、石子在混凝土中起骨架作用，能提高混凝土的强度，减少水泥用量，减少混凝土的体积收缩。为保证混凝土的施工质量，配制混凝土用的砂、石质量应满足相关国家标准要求。砂子、石子的质量标准和要求以及选择使用参见第 3 章。

3）水

混凝土用水应满足的要求：不影响混凝土的凝结硬化；无损于混凝土的强度发展和耐久性；不加快钢筋的锈蚀；不污染混凝土表面。

①拌合物和养护用水应符合《混凝土用水标准》（JGJ 63—2006）的规定。

②凡符合国家标准的生活饮用水，均可拌制和养护各种混凝土。

③海水可拌制素混凝土，但不宜拌制有饰面要求的素混凝土，不得用于拌制钢筋混凝土和预应力混凝土。

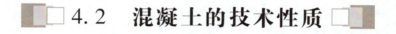

4.2　混凝土的技术性质

观看混凝土的坍落度试验和抗压强度试验。

混凝土的坍落度试验和抗压强度试验

4.2.1　混凝土拌合物的和易性

1）和易性的概念

和易性是指混凝土拌合物易于施工操作（搅拌、运输、浇筑、捣实），并能获得质量均匀密实的混凝土的性能。和易性是一项综合性的技术指标，包括以下 3 个方面的性能：

①流动性。流动性是指混凝土拌合物在自重或机械振捣作用下，能流动并均匀密实地填满模板的性能。

②黏聚性。黏聚性是指混凝土拌合物在施工过程中，具有一定的黏聚力，不会发生分层和离析现象，保持整体均匀的性能。

③保水性。保水性是指混凝土拌合物保持水分不易析出（即不易泌水和流浆）的能力。

混凝土拌合物必须具有良好的和易性，才便于施工，并能获得均匀而密实的混凝土，从而保证混凝土的强度和耐久性。

阅读理解

流动性差的拌合物，在施工中操作困难，不易振捣密实，将影响混凝土的强度和耐久性。

黏聚性差的拌合物，在施工中易发生分层、离析，致使混凝土硬化后产生"蜂窝""麻面"等缺陷，影响混凝土的强度和耐久性。

保水性差的拌合物，在施工中容易泌水、流浆，并积聚到混凝土表面，引起表面酥松，或积聚到集料或钢筋的下表面而形成空隙，从而削弱了集料或钢筋与水泥的结合力，渗水通道会形成开口空隙，降低混凝土的强度和耐久性。

离析是指拌合物中重物料与轻物料之间产生分离，导致拌合物中各组分不能保持均匀分散的现象。即重物料下沉，轻物料上浮而产生质量不均的分层，最终影响硬化后混凝土的强度和耐久性。因此，需要物料之间有足够的黏聚力以抵抗分层、离析。

泌水是指拌合物中的水分与固体物料之间产生分离而析出的现象。泌水上浮到混凝土表面的稀浆形成较大的酥松薄弱层，混凝土内部的泌水通道形成大量的孔隙和开口孔，从而降低硬化后混凝土的强度和耐久性。因此，需要有足够的保水性，以防止泌水流浆。

提问回答

和易性好坏对混凝土有何影响？

2）和易性的评定

根据《普通混凝土拌合物性能试验方法标准》（GB/T 50080—2016）的规定，采用坍落度法或维勃稠度法测定混凝土拌合物的流动性（图4.1），与此同时，观察混凝土拌合物的黏聚性和保水性，然后综合评定混凝土拌合物的和易性。

阅读理解

将混凝土拌合物按规定方法装入坍落度筒内，提起坍落度筒后，拌合物因自重而向下坍落，坍落度筒顶面与坍落后混凝土顶面之间的高度差（mm）即为该混凝土拌合物的坍落度值。

用捣棒在已坍落的混凝土锥体侧面轻轻敲打，此时如果锥体逐渐下沉，则表示此混凝土拌合物的黏聚性良好；如果锥体倒塌、部分崩裂或出现离析现象，则表示此混凝土拌合物的黏聚性不好。

坍落度筒提起后，如有较多的稀浆从底部析出，锥体部分的混凝土也因失浆而骨料外露，则表明此混凝土拌合物的保水性不好；如坍落度筒提起后，无稀浆或仅有少量稀浆自底部析出，则表示此混凝土拌合物的保水性良好。

将混凝土拌合物按规定方法从喂料斗装入坍落度筒内[图4.1（b）]，把喂料斗转开，垂直提起坍落度筒，把透明圆盘转到混凝土拌合物锥体顶面，放松测杆螺钉，使透明圆盘落到混凝土锥体顶面。开动振动台和秒表，当透明圆盘的底面被水泥浆布满的瞬间，停下秒表并关闭振动台，此时秒表上的时间（s）即为该混凝土拌合物的维勃稠度值。

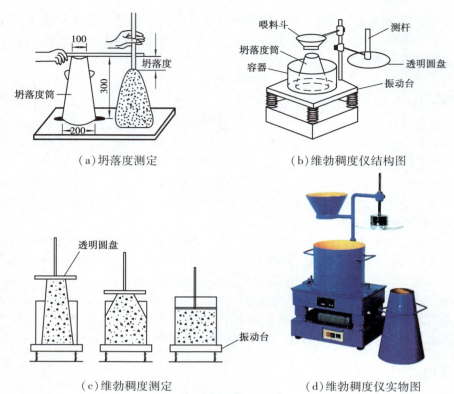

（a）坍落度测定　　　　　　　　（b）维勃稠度仪结构图

（c）维勃稠度测定　　　　　　　　（d）维勃稠度仪实物图

图4.1　流动性的测定

①混凝土流动性大小用坍落度 T（单位：mm）和维勃稠度 V（单位：s）表示。
②塑性混凝土（坍落度值 $T \geqslant 10$ mm 的混凝土）采用坍落度法测流动性。
③干硬性混凝土（坍落度值 $T < 10$ mm 的混凝土）采用维勃稠度法测流动性。
④坍落度值越大，混凝土流动性越大，拌合物越稀，越容易振捣密实。
⑤维勃稠度值越大，混凝土流动性越小，拌合物越干，越不容易振捣密实。

提问回答

1. 如何评定混凝土拌合物的和易性？

2. 解释定义

坍落度——

维勃稠度——

离析——

泌水——

阅读《普通混凝土拌合物性能试验方法标准》(GB/T 50080—2016),填写下图所示内容:

步骤1:＿＿＿＿＿＿

步骤2:＿＿＿＿＿＿

步骤3:＿＿＿＿＿

步骤4:＿＿＿＿＿＿

测试内容:＿＿＿＿＿＿＿＿＿＿

3）坍落度的选用

为了既节约水泥,又保证混凝土质量,应尽可能选取较小的坍落度。《混凝土质量控制标准》(GB 50164—2011)将混凝土拌合物的坍落度大小划分为5个等级,见表4.1。混凝土浇筑时的坍落度应满足设计和施工要求,并根据结构种类、截面大小、配筋疏密、气候条件及施工方法等因素选用。

表4.1　混凝土拌合物的坍落度等级划分

等级	坍落度/mm
S1	10～40
S2	50～90
S3	100～150
S4	160～210
S5	＞220

4)影响和易性的因素

影响和易性的主要因素有:

①用水量或水灰比:水灰比就是水与水泥用量之比。混凝土拌合物的流动性是随着用水量或水灰比的增大而增大的。但用水量或水灰比过大,则黏聚性和保水性变差,会产生严重的泌水流浆、分层离析,并使硬化后的强度和耐久性降低。因此,为了保证拌合物的和易性,用水量或水灰比不宜过小;为了保证硬化后的强度和耐久性,用水量或水灰比又不宜过大。

②水泥浆用量:水泥浆增多,会增大集料间的润滑作用,使混凝土拌合物流动性增大。水泥浆用量应以满足流动性和强度要求为宜,不宜过量。若水泥浆过多,不仅增加水泥用量,还会出现离析、流浆现象,使拌合物的黏聚性变差,对混凝土的强度和耐久性会产生不利影响。

③砂率:砂子占砂石总量的百分率,称为砂率,即〔砂/(砂+石)〕×100%。改变砂率,集料的空隙和总表面积显著改变,从而影响混凝土拌合物的和易性。

水泥浆用量不变时,增大砂率,集料的空隙和总表面积增大,使水泥浆显得贫乏,从而降低拌合物的流动性;若减小砂率,使水泥浆显得富余,但不能保证粗集料间有足够的砂浆层,也会降低拌合物的流动性,并严重影响其黏聚性和保水性。因此,应采用一个合理的砂率值,即合理砂率,也称为最佳砂率。

合理砂率是指能使混凝土拌合物获得所要求的流动性、良好的黏聚性与保水性,而水泥用量最少时的砂率值。

除上述 3 个主要因素外,影响和易性的因素还有:

- 材料品种:水泥品种、集料品种及规格也会对混凝土的和易性产生影响。
- 施工条件:温度、湿度、运输、搅拌、振捣等情况也会影响混凝土的流动性。

说说议议

1.混凝土中水泥用量越多越好吗? 为什么?

2.辨别下列 4 种混凝土拌合物的和易性:

a. _____

b. _____

c. _____

d. _____

5）改善和易性的措施

改善和易性的措施如下：

①改善砂、石的级配。在可能条件下，尽量采用较粗的砂、石。

②采用合理砂率。

③采用粒形较圆、表面光滑的集料（如卵石、河砂等）。

④在上述基础上，当混凝土拌合物坍落度太小时，保持水灰比不变，适当增加水泥和水的用量；当坍落度太大时，保持砂率不变，适当增加砂、石用量。

⑤掺用外加剂（如减水剂、引气剂等）。

练习作业

1. 什么是混凝土的和易性？和易性包括哪几个方面？它对混凝土的质量有什么影响？

2. 混凝土的流动性如何表示？工程上如何选择流动性的大小？

3. 影响混凝土拌合物和易性的因素有哪些？改善混凝土拌合物和易性的措施有哪些？

4. 什么是砂率？什么是合理砂率？选择合理砂率的主要目的是什么？

5. 为什么不能采用仅增加用水量的方法来提高混凝土拌合物的流动性？

6. 拌和好的混凝土拌合物为什么不宜放置太久，要尽快成型？

4.2.2　混凝土的强度

混凝土的强度就是混凝土抵抗外力破坏的能力。根据外力形式的不同,可分为抗压强度、抗拉强度、抗弯强度、抗剪强度 4 种。其中,混凝土的抗压强度最大,因此混凝土在建筑工程中主要用于承受压力。混凝土的抗压强度是结构设计的主要参数,也是评定混凝土质量的重要性能指标。

1)混凝土的抗压强度

《混凝土结构设计标准》(GB 50010—2010,2024 年版)规定:以边长为 150 mm 的立方体试件为标准试件,按标准方法成型,在标准条件下[温度为 (20 ± 2)℃,相对湿度为 95% 以上]养护 28 d 龄期,用标准试验方法(图 4.2 和图 4.3)测得的极限抗压强度,称为混凝土标准立方体抗压强度。

图 4.2　混凝土立方体试模、立方体试件

压力机

上压板

混凝土试件

下压板

图 4.3　混凝土立方体抗压强度试验

抗压强度(MPa) = 破坏荷载(N)/受压面积(mm^2)。例如,某块标准混凝土试件的抗压破坏荷载为 225 kN,则该块混凝土的抗压强度为 225 000 N/(150 mm × 150 mm) = 10 MPa。

提 问回答

混凝土标准立方体抗压强度检测中,要做到哪几个方面的"标准"?

2)混凝土的立方体抗压强度标准值与强度等级

根据《混凝土结构设计标准》(GB 50010—2010,2024 年版)的规定:

①在标准立方体抗压强度中,具有95%以上保证率的抗压强度值,称为立方体抗压强度标准值。

②混凝土强度等级按立方体抗压强度标准值确定。采用符号C与立方体抗压强度标准值(单位为MPa)表示,如C25,C30等。

③混凝土的强度等级有C20,C25,C30,C35,C40,C45,C50,C55,C60,C65,C70,C75,C80共13个强度等级。

例如,C30表示混凝土立方体抗压强度标准值为30 MPa,即混凝土标准立方体抗压强度大于30 MPa的概率为95%以上。

④当采用非标准试件确定强度标准值时,应将其抗压强度值乘以折算系数,见表4.2。

表4.2　试件尺寸及折算系数

集料的最大粒径/mm	试件尺寸/mm	折算系数
≤30	$100 \times 100 \times 100$	0.95
≤40	$150 \times 150 \times 150$	1.00
≤60	$200 \times 200 \times 200$	1.05

例如,某混凝土试件尺寸为100 mm×100 mm×100 mm,测得其抗压破坏荷载为400 kN,则其立方体抗压强度为40 MPa,而该混凝土的标准抗压强度为40 MPa×0.95=38 MPa。

提问回答

1. 请说明C40的含义。

2. 某混凝土试件尺寸为200 mm×200 mm×200 mm,测得其抗压破坏荷载为520 kN,求该混凝土的标准抗压强度。

3)影响混凝土强度的因素

影响混凝土强度的主要因素有:

①水泥强度等级与水灰比。水泥强度等级与水灰比是影响混凝土强度的最主要因素。水泥强度等级越高,水灰比越小,混凝土的强度就越高,反之则不然。根据大量试验数据,得出了混凝土强度与水泥强度、水灰比的经验关系式:

$$混凝土 28\ d\ 的强度 = A \times 水泥实际强度 \times (1/水灰比 - B)$$

式中,当采用碎石时,$A = 0.53$,$B = 0.20$;当采用卵石时,$A = 0.49$,$B = 0.13$;当无法取得水泥实际强度时,水泥实际强度 $= 1.13 \times$ 水泥强度等级。

例如,用卵石配制混凝土,采用32.5级的水泥、0.45的水灰比,则估算该混凝土28 d能达到的强度为:

$$0.49 \times (1.13 \times 32.5\ \text{MPa}) \times (1/0.45 - 0.13) \approx 37.7\ \text{MPa}$$

阅读理解

混凝土受压时,一般在水泥石与集料的界面上或水泥石本身产生破坏现象,因此在其他材料相同时,水泥强度等级越高,水泥的黏结力就越强,配制的混凝土强度也越高。所以,水泥强度与混凝土强度成正比关系。

但水泥强度等级不是越高越好。若采用高强度等级的水泥配制低强度等级的混凝土,则水泥用量偏少,水泥浆就少,会降低混凝土拌合物的流动性和黏聚性,这不合理;若要保证混凝土拌合物的流动性和黏聚性,就需要增加水泥用量,这样又不经济。

若水泥强度等级相同,则混凝土的强度主要取决于水灰比,水灰比越小,配制的混凝土强度就越高。水灰比与混凝土强度成反比关系。如果水灰比过小,即用水量过少,拌合物过于干稠,在一定的施工条件下,混凝土不能被振捣密实,会出现较多的蜂窝、孔洞,反而导致混凝土强度严重下降。如果水灰比过大,即用水量过多,不仅会造成混凝土拌合物的黏聚性和保水性不良,产生分层离析、泌水流浆现象,并且多余的水分(只有少量的水与水泥发生水化反应)蒸发后形成大量孔隙,将严重降低混凝土的强度和耐久性。因此,水灰比不能过小也不能过大。

说说议议

能否采用低强度等级的水泥配制高强度等级的混凝土?或者采用高强度等级的水泥配制低强度等级的混凝土?为什么?

②集料的质量。集料的品质、种类、级配,砂率的大小等因素也会对混凝土强度产生影响。

阅读理解

集料本身强度一般比混凝土强度高,它不会直接影响混凝土的强度,但使用含有害物质较多且品质低劣的集料时,会降低混凝土的强度。

碎石表面粗造并富有棱角,与水泥的黏结力较强,所配制的混凝土强度比用卵石的要高。集料级配良好、砂率适当,能组成密实的骨架,也能使混凝土获得较高的强度。

提问回答

选用什么样的集料才能提高混凝土的强度?

③养护条件。养护是为了保证硬化环境有适当的温度和湿度而采取的措施。养护的目的是使水泥能充分水化,以便产生更多的胶凝物质,提高黏结能力,从而提高混凝土的强度。因此,混凝土浇筑完毕后,必须采取适当的方式进行精心养护,以保证水泥能充分水化,使混凝土的强度能得到正常发展和提高。根据养护方式的不同,混凝土的养护可分为人工养护和自然养护。人工养护又分为标准养护、蒸汽养护和蒸压养护。混凝土的强度发展取决于水泥的水化速度和程度。而水泥的水化需要在较高的温度和足够的湿度条件下才能正常进行。

阅读理解

混凝土硬化环境温度高,水泥水化速度快,混凝土强度发展也快;在干燥的硬化环境中,混凝土表面水分蒸发很快,内部水分不断向表面迁移,将影响水泥的正常水化,使表面干裂,内部酥松,从而降低混凝土的强度和耐久性。因此,只有在较高温度和足够湿度的硬化环境中,水泥才能充分水化,混凝土强度才能得到不断提高。

由于水泥早期的水化速度最快,所以早期养护尤为重要。《混凝土结构工程施工规范》(GB 50666—2011)规定,在混凝土浇筑完毕后的 12 h 以内应对混凝土加以覆盖和浇水,其浇水养护时间,对硅酸盐水泥、普通水泥或矿渣水泥拌制的混凝土不得少于 7 d,对掺用缓凝型外加剂或有抗渗要求的混凝土不得少于 14 d。浇水次数应能保持混凝土处于湿润状态。

混凝土的标准养护是指在温度为(20 ± 2)℃、相对湿度95%以上的标准养护室中养护。

混凝土的蒸汽养护是在常压下将混凝土构件放入蒸汽养护室,通入温度为45 ℃左右的水蒸气使混凝土升温,加速水泥和辅助胶凝材料水化、硬化进程,快速达到脱模强度,加快模板周转和生产效率。蒸汽养护可使掺混合材料水泥的 28 d 强度提高 10% ~40%。

混凝土的蒸压养护是高温高压养护,是指在压力≥8 个标准大气压,温度 >174.5 ℃的高压釜中养护。蒸压养护能提高加气混凝土的性能。

混凝土的自然养护是指在自然气温条件下(高于5 ℃),对混凝土采取的覆盖、浇水润湿、挡风、保温等养护措施。自然养护可以分为覆盖浇水养护和塑料薄膜养护两种。

覆盖浇水养护是根据外界气温,一般应在混凝土浇筑完毕后 3 ~12 h 用草帘、芦席、麻袋、锯末、湿土和湿砂等适当的材料将混凝土覆盖,防止水分从混凝土表面蒸发损失,并经常浇水保持混凝土表面湿润。

塑料薄膜养护是指以塑料薄膜为覆盖物使混凝土与空气相隔,水分不被蒸发,水泥靠混凝土中的水分完成水化以达到凝结硬化。

另外,还有一种养护方式是同条件养护。同条件养护是针对施工现场取样制作的混凝土试件的一种养护方式,是指在混凝土试件取样制作成型拆模后,将其放置在靠近相应结构构件或结构部位的适当位置,并与该结构构件或结构部位一起采取相同的养护方法。同条件养护试件的抗压强度是反映混凝土结构实体强度的重要指标,是工程质量验收的重要依据。

④龄期。正常养护条件下,混凝土的强度将随龄期的增长而不断发展,最初几天水泥水化速度较快,因此混凝土强度发展也较快,以后逐渐缓慢,28 d 就能达到设计强度。28 d 以后更慢,若能长期保持环境适当的温度和湿度,混凝土的强度增长可延续数十年。

⑤施工因素。配料是否准确、搅拌是否均匀、运输设施和方式、振捣方法和时间等也将影响混凝土的强度。

提 问回答

对混凝土浇水养护的目的是什么? 混凝土有哪几种养护方式?

4)提高混凝土强度的措施

可以采取以下方法提高混凝土强度:

①采用高强度等级的水泥。

②采用水灰比较小、用水量较少的干硬性混凝土。

③采用级配良好的集料及合理的砂率。

④采用机械搅拌、机械振捣,改进施工工艺。

⑤加强养护。

⑥在混凝土中掺入减水剂、早强剂等外加剂。

说说议议

以上措施为什么能提高混凝土的强度?

练习作业

1. 什么是混凝土的立方体抗压强度标准值?混凝土的强度等级是根据什么划分的?

2. 影响混凝土抗压强度的因素有哪些?提高混凝土抗压强度的措施有哪些?

3. 什么是混凝土试件的标准养护、自然养护、蒸汽养护、蒸压养护?

4. 若采用碎石和 42.5 级的水泥配制 C35 的混凝土,应采用多大的水灰比?

5. 混凝土浇筑后,为什么必须进行养护?

4.2.3　混凝土的耐久性

混凝土的耐久性是指混凝土在实际使用条件下能抵抗各种破坏因素的作用,长期保持强度和外观完整性,维持混凝土结构的安全和正常使用的能力。

混凝土的耐久性包括抗冻性、抗渗性、抗侵蚀性、抗碳化性、抗碱集料反应、抗风化性等。

混凝土各项耐久性能的检测方法按《普通混凝土长期性能和耐久性能试验方法标准》(GB/T 50082—2009)执行。

1)抗冻性

抗冻性是指材料在水饱和作用下,能经受多次冻融循环作用而不破坏,同时也不严重降低强度的性能。混凝土内部孔隙中的水结成冰后体积膨胀,产生由内而外的压力,混凝土就会产生裂缝。多次的冻融循环使裂缝不断扩展直至破坏。

混凝土的抗冻性用抗冻等级表示,有 F50,F100,F150,F200,F250,F300,F350,F400 共 8 个等级。例如,F100 表示混凝土能承受的冻融循环次数不少于 100 次。抗冻等级≥F50 的混凝土称为抗冻混凝土。

混凝土的密实度和孔隙结构是影响混凝土抗冻性的主要因素。因此,提高混凝土抗冻性的措施有:

①合理选择水泥品种。

②掺入外加剂(引气剂、减水剂、防冻剂等)。

③选择级配良好的集料。

④加强振捣、养护。

2)抗渗性

抗渗性是指材料抵抗压力水渗透的性质。

混凝土的抗渗性用抗渗等级表示,有 P4,P6,P8,P10,P12 共 5 个等级。例如,P10 表示混凝土能抵抗 1.0 MPa 的水压力而不渗透。抗渗等级≥P6 的混凝土称为抗渗混凝土(也称为防水混凝土)。混凝土的抗渗性通过抗渗试验测定(图 4.4)。

图 4.4　混凝土的抗渗试模、试件、抗渗仪

混凝土渗水的主要原因是其内部孔隙多,且形成了连通的渗水通道。因此,提高混凝土抗渗性的措施有:

①掺入外加剂(引气剂、减水剂等)。

②合理选择水泥品种,增大水泥用量。

③减小水灰比。

④选择级配良好的Ⅰ类集料,采用合理砂率。

⑤加强振捣、养护。

3)抗侵蚀性

混凝土的抗侵蚀性主要取决于水泥的抗侵蚀性(参见第 2 章)。同时,也与混凝土的密实度和孔隙特征有关。密实的和封闭孔隙的混凝土,侵蚀性介质不易进入,抗侵蚀性就强。因此,提高混凝土抗侵蚀性的措施有:

①合理选择水泥品种。

②采用较小水灰比和级配良好的集料。

③加强振捣和养护。

④掺加外加剂(如减水剂、引气剂等)。

⑤在混凝土表面涂刷或粘贴不透水的保护层。

4）抗碳化性

混凝土的碳化是指空气中的二氧化碳在潮湿条件下与水泥的水化产物氢氧化钙发生反应，生成碳酸钙和水的过程。混凝土碳化后，碱度降低，减弱了对钢筋的保护作用，易引起钢筋锈蚀；还会引起混凝土收缩，使表面产生裂缝而降低混凝土的耐久性。

提高混凝土抗碳化的措施有：

①掺入减水剂。

②使用硅酸盐水泥或普通水泥。

③减小水灰比和增加水泥用量。

④加强振捣、养护。

⑤在混凝土表面涂刷或粘贴保护层。

5）碱集料反应

碱集料反应是指水泥中的碱与集料中的活性二氧化硅发生化学反应，在集料表面生成复杂的产物，这种产物吸水后，体积膨胀约 3 倍以上，导致混凝土产生膨胀开裂而破坏。

碱集料反应是在水泥中碱含量大于 0.6%，砂、石集料中含有一定活性成分且有水存在的条件下发生。

防止碱集料反应的措施有：

①选用低碱水泥。

②降低混凝土的单位水泥用量，以降低单位混凝土的含碱量。

③选用非活性集料。

④在混凝土中掺入火山灰质混合材料，以减少膨胀值。

⑤保证混凝土的密实性，重视建筑物排水，使混凝土处于干燥状态。

综合前述分析，说明混凝土的耐久性与选用的水泥品种、混凝土的密实度和内部孔隙结构有关。

6）提高混凝土耐久性的措施

①根据环境条件，合理地选择水泥品种。

②严格控制其他原材料质量，使之符合标准、规范的要求。

③严格控制水灰比，保证足够的水泥用量［参见《普通混凝土配合比设计规程》（JGJ 55—2011）中的有关规定］。

④掺入减水剂和引气剂。

⑤精心进行混凝土的配制与施工，加强养护。

⑥在混凝土表面涂刷或粘贴不透水的保护层。

4.3　混凝土的外加剂

4.3.1　混凝土外加剂的定义及作用

混凝土外加剂是指混凝土中除胶凝材料、集料和水之外，在混凝土拌制之前或拌制过程中加入的，用以改善混凝土的性能，对人、生物及环境安全无有害影响的材料。

混凝土外加剂的作用主要是改善混凝土拌合物的和易性,调节凝结硬化时间,控制强度发展和提高耐久性等,以及改善混凝土的其他性能。

4.3.2 常用外加剂简介

目前常用的外加剂主要有减水剂、引气剂、早强剂、缓凝剂、速凝剂、防冻剂等,如图4.5所示。

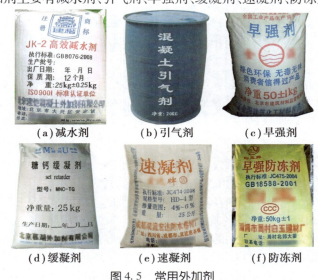

(a)减水剂　　　(b)引气剂　　　(c)早强剂

(d)缓凝剂　　　(e)速凝剂　　　(f)防冻剂

图4.5　常用外加剂

1)减水剂

减水剂是指在混凝土坍落度基本相同的条件下,能减少拌和用水量的外加剂。它是应用最广泛、效果最显著的一种外加剂,其作用效果如下:

①提高混凝土拌合物的流动性。在用水量和水灰比不变的条件下,混凝土的坍落度可增大100~200 mm,且不影响混凝土的强度。

②提高混凝土的强度。在保持流动性和水泥用量不变的条件下,可减少拌和用水量10%~15%,从而降低水灰比,使混凝土强度提高15%~20%,特别是早期强度提高很显著。

③节约水泥。在保持流动性和水灰比不变的条件下,可以在减少拌和用水量的同时,相应减少水泥用量,且不影响混凝土的强度,从而节约水泥10%~15%。

④改善混凝土的耐久性。由于减水剂的掺入,改善了混凝土的孔结构,使混凝土的密实度提高、透水性降低,从而提高了混凝土的抗渗、抗冻、抗腐蚀及抗碳化等能力。

此外,掺入减水剂后,还可以改善混凝土拌合物的泌水离析现象,延缓混凝土拌合物的凝结时间,减慢水泥水化放热速度。

2)引气剂

在混凝土搅拌过程中,能引入大量分布均匀、稳定而封闭的微小气泡的外加剂称为引气剂。掺入引气剂能改善混凝土拌合物的泌水离析现象,改善和易性,并能显著提高混凝土的抗冻性、抗渗性。引气剂不宜用于蒸汽养护混凝土及预应力混凝土。

3)早强剂

能提高混凝土的早期强度,并对后期强度无显著影响的外加剂称为早强剂。早强剂常用于要求早拆模工程、抢修工程及冬季施工。

4）缓凝剂

能延缓混凝土的凝结时间，并对混凝土后期强度发展无不利影响的外加剂称为缓凝剂。缓凝剂常用于夏季施工的混凝土、大体积混凝土、滑模施工用混凝土、泵送混凝土、长时间或长距离运输的商品混凝土。

5）速凝剂

能使混凝土迅速凝结硬化的外加剂称为速凝剂。速凝剂主要用于矿山井巷、铁路隧道、引水涵洞、地下工程，以及喷锚支护时的喷射混凝土或喷射砂浆工程。

6）防冻剂

能使混凝土在负温下硬化，并在规定养护条件下达到预期性能的外加剂称为防冻剂。防冻剂能显著降低混凝土的冰点，使混凝土液相不冻结或仅部分冻结，以保证水泥的水化作用，并在一定的时间内获得预期性能。

4.3.3　外加剂的选用

根据《混凝土质量控制标准》（GB 50164—2011）的规定：

①用于混凝土的外加剂的质量应符合《混凝土外加剂》（GB 8076—2008）、《混凝土外加剂应用技术规范》（GB 50119—2013）的规定。

②选用外加剂时，应根据混凝土的性能要求、施工工艺及气候条件，结合混凝土的原材料性能、配合比以及对水泥的适应性等因素，通过试验确定其品种和掺量。

③选用的外加剂应具有质量证明书，有时还应检验其氯化物、硫酸盐等有害物质的含量，经验证确认对混凝土无有害影响时方可使用。

④外加剂的掺加方法有先掺法（外加剂先于拌和用水加入）、同掺法（外加剂与水一起加入）、后掺法（外加剂滞后于水再加入）、二次掺加法（根据混凝土拌合物性能需要或其不能满足施工要求时，现场再次掺加外加剂）。

⑤对于不溶于水的外加剂，应与适量水泥或砂混合均匀后再加入搅拌机内。

提问回答

下列工程的混凝土宜掺入哪类外加剂？

1. 早期强度要求较高的钢筋混凝土；

2. 抗渗要求高的混凝土；

3. 大坍落度的混凝土；

4. 炎热夏季施工，且运距较远的混凝土。

4.4　混凝土的配合比

4.4.1　混凝土配合比的定义

混凝土的配合比是指混凝土中各组成材料用量之间的比例关系。

①混凝土配合比的表示方法有两种。

• 以 1 m³ 混凝土中所需各种材料的用量来表示。例如，1 m³ 混凝土中所需水泥 340 kg，砂 710 kg，石子 1 200 kg，水 180 kg，则该混凝土的配合比可表示为水泥∶砂∶石∶水 = 340∶710∶1 200∶180。

• 以各种材料间的用量比例值来表示（以水泥质量为1）。例如，上述混凝土配合比也可表示为水泥∶砂∶石∶水 = 1∶2.09∶3.53∶0.53。

②混凝土的配合比有设计配合比和施工配合比两种。

• 设计配合比：在实验室以干燥砂石为准，经计算、试配、调整而确定的各种材料用量之比，其中砂、石用量是干砂、干石子的用量。混凝土的设计配合比由实验室根据《普通混凝土配合比设计规程》(JGJ 55—2011)规定的方法、步骤出具，见表4.3。

• 施工配合比：在施工现场根据现场砂石的实际含水率，将设计配合比换算后得出的各种材料实际用量之比，其中砂、石用量是湿砂、湿石子的用量。

表 4.3　水泥混凝土配合比报告

委托单位：×××建筑工程公司　　　工程名称：×××工程2#楼

送样日期：2023 年 12 月 5 日　　　报告日期：2024 年 1 月 8 日　　　检测单位（章）：

检测根据：GB/T 50081—2019　JGJ 55—2011　DB 50/5028—2004　　报告编号：××××××

施工要求			试验情况					
使用部位	基础及主体		配制日期：2023.12.11		龄期/d	3	7	28
强度等级	C20	使用气温/℃	25~35	坍落度：42 mm　室温：22 ℃	强度/MPa	抗压	—	14.9	24.8
拌和方法	机械	坍落度/mm	35~50	黏聚性：良好　保水性：良好		抗折	—		
捣实方法	机械	抗渗等级	—	拌和及捣实方法：机械	耐久性	抗渗	抗冻	抗碳化	抗侵蚀
原材料使用情况			养护方法：标准养护			—			

水泥	厂名：×××水泥厂 品种、等级：P.F 32.5R	配合比							
		材料名称	水泥	细骨料	粗骨料	水	外加剂	粉煤灰	膨胀剂
细骨料	品种名称：特细砂 产地：长江	每 1 m³ 用量/kg	375	475	1402	202	—	—	—
		质量比	1	1.22	3.74	0.54	—	—	—
粗骨料	品种规格：5~40 mm 卵石 产地：长江	说明与意见： 　　除水剂外，其余均以干料计，各种材料应符合有关规范、标准规定要求。							
外加剂	品种名称：/　厂名：/ 推荐掺量(%)：/ 外观状态：/	声明 1.本报告涂改、复印无鲜章无效。 　　2.委托检测仅对来样负责。					见证人：××× 证书号：××××××|		
其 他									

批准人：　　　　　　校核：　　　　　　检测：

4.4.2　施工配合比的换算方法

根据现场砂、石的实际含水率,计算出 1 m³ 混凝土中各种材料的实际用量。

若设计配合比为:

$$水泥:砂:石:水 = m_c:m_s:m_g:m_w = 1:X:Y:W$$

测得现场砂、石的实际含水率分别为 a% 和 b%,则施工配合比为:

$$水泥:砂:石:水 = m_c':m_s':m_g':m_w'$$
$$= 1:X×(1+a\%):Y×(1+b\%):(W-X×a\%-Y×b\%)$$

观察思考

分析上述混凝土配合比的换算公式,砂、石的干质量、湿质量与其含水率之间有何关系?将设计配合比换算为施工配合比后,是否每种材料的用量都改变了?

阅读理解

含水率是表示材料含水多少、潮湿程度的一个指标。含水率的计算公式为:含水率 = $(m_湿 - m_干) / m_干 = m_水/m_干$,因此材料的干质量、湿质量、含水率可相互换算,即 $m_湿 = m_干 × (1 + 含水率)$。

提问回答

某混凝土 1 m³ 需要干砂 550 kg,现有含水率为 2% 的湿砂 5 000 kg,能拌多少立方米混凝土?

例题

1. 某混凝土的设计配合比为水泥:砂:石:水 = 1:1.50:3.19:0.48,1 m³ 混凝土水泥用量为 385 kg,测得现场砂、石的实际含水率分别为 3% 和 1%,该混凝土的施工配合比应为多少?1 m³ 混凝土中各种材料实际用量分别应为多少?

【解】　该混凝土的施工配合比应为:

$$水泥:砂:石:水 = 1:1.50×(1+3\%):3.19×(1+1\%):(0.48-1.50×3\%-3.19×1\%)$$
$$≈ 1:1.55:3.22:0.4$$

1 m³ 混凝土中各种材料实际用量分别应为:

$$水泥 = 385\ kg$$
$$砂子 = 385\ kg × 1.55 ≈ 597\ kg$$
$$石子 = 385\ kg × 3.22 ≈ 1\ 240\ kg$$
$$水 = 385\ kg × 0.4 = 154\ kg$$

2. 某混凝土拌和时,每 100 kg 水泥,需加干砂 204 kg、干石子 458 kg、水 60 kg。测得现场砂、石的实际含水率分别为 5% 和 1%,为保证混凝土强度,每次实际加砂、石、水各多少?该混凝土的施工配合比为多少?

【解】　每次实际加砂、石、水分别为:

$$砂 = 204 \text{ kg} \times (1 + 5\%) \approx 214 \text{ kg}$$

$$石 = 458 \text{ kg} \times (1 + 1\%) \approx 463 \text{ kg}$$

$$水 = 60 \text{ kg} - 204 \text{ kg} \times 5\% - 458 \text{ kg} \times 1\% \approx 45 \text{ kg}$$

该混凝土的施工配合比为:

$$水泥 : 砂 : 石 : 水 = 100 : 214 : 463 : 45$$
$$= 1 : 2.14 : 4.63 : 0.45$$

观察思考

以上两道例题,是否还有不同的解答方法?试试看,结果如何。

练习作业

1. 某混凝土的设计配合比为水泥 : 砂 : 石 : 水 $= 1 : 2.05 : 3.98 : 0.65$,1 m³ 混凝土水泥用量为 322 kg,测得现场砂、石的实际含水率分别为 5% 和 2%,该混凝土的施工配合比应为多少? 1 m³ 混凝土中各种材料的实际用量分别为多少?

2. 某混凝土的设计配合比为 $1 : 1.9 : 3.8 : 0.54$,1 m³ 混凝土水泥用量为 350 kg,测得现场砂、石的实际含水率分别为 5% 和 1%,该混凝土的施工配合比应为多少? 每用 1 袋水泥其他材料的实际用量是多少?

4.5　其他混凝土

4.5.1　泵送混凝土

混凝土拌合物坍落度不低于 100 mm 并用泵送施工的混凝土称为泵送混凝土(图 4.6)。

泵送混凝土可用于大多数混凝土的浇筑,尤其适用于城市为保护环境,节能减排,或施工场地狭窄、施工机具受到限制的混凝土浇筑。

泵送混凝土施工速度快、效率高、节约劳动力,近年来在国内逐步得到推广。

泵送混凝土除需满足强度和耐久性要求外,还应具有良好的可泵性,即混凝土拌合物应具有一定的流动性和良好的黏聚性,摩擦阻力小,不离析,不阻塞,以方便用泵输送。

4.5.2　预拌混凝土

预拌混凝土又称为商品混凝土,是指预先拌好的质量合格的混凝土拌合物,以商品的形式出售给施工单位,并运到施工现场进行浇筑的混凝土拌合物(图4.7)。

图4.6　泵送混凝土　　　　　　　　　　　图4.7　预拌混凝土运输车

采用预拌混凝土,有利于实现建筑工业化,提高混凝土质量,节约材料,实现现场文明施工和改善环境(因工地不需要原料堆放场地和搅拌设备)。

预拌混凝土分为集中搅拌混凝土和车拌混凝土两类。

①集中搅拌混凝土:专业工厂集中配料、搅拌,运至工地使用。

②车拌混凝土:专业工厂集中配料,在装有搅拌机的汽车上,在途中边搅拌边运输至工地使用。

4.5.3　特细砂混凝土

用特细砂拌制的混凝土称为特细砂混凝土。特细砂混凝土在我国长江、黄河、嘉陵江、松花江等流域应用较多。

①与中、细砂配制的混凝土相比较,特细砂混凝土的水泥用量较大,干缩性较大,耐磨性较差。

②为保证特细砂混凝土的质量,配制 C25 及以下强度等级混凝土,砂的细度模数 $M_x \geqslant 0.7$;配制 C30 混凝土,砂的细度模数 $M_x \geqslant 0.8$;配制 C35 混凝土,砂的细度模数 $M_x \geqslant 0.9$;配制 C40 混凝土,砂的细度模数 $M_x \geqslant 1.0$;配制 C45,C50,C55 混凝土,宜采用细度模数 $M_x \geqslant 1.0$ 的特细砂与人工砂组成的混合砂,且混合砂的细度模数 $M_x \geqslant 1.6$;配制 C60 及以上强度等级混凝土,宜采用细度模数 $M_x \geqslant 1.1$ 的特细砂与人工砂组成的混合砂,且混合砂的细度模数 $M_x \geqslant 2.3$。

③为保证特细砂混凝土的质量,还要严格控制特细砂的含泥量。配制 C15 混凝土,砂的含泥量(以质量计)≤10.0%;配制 C20,C25 混凝土,砂的含泥量(以质量计)≤7.5%;配制

C30 及以上强度等级混凝土,砂的含泥量(以质量计)≤5.0%。

④为了节约水泥,配制特细砂混凝土时宜采用低砂率。

⑤特细砂混凝土宜配制成低流动性,混凝土拌合物的坍落度宜控制在 50 mm 以内。配制坍落度为 70 mm 以上的特细砂混凝土,宜掺用混凝土外加剂。

⑥特细砂混凝土拌合物的黏度较大,主要结构部位的混凝土必须采用机拌和机捣,拌和时间应比中、细砂配制的混凝土延长 1～2 min;如发现拌合物不均匀,砂浆与石子有分离现象时,应翻拌均匀后入模。

⑦为减少混凝土的干燥收缩,应加强对特细砂混凝土的养护,特别是早期养护,应保持表面湿润且适当延长养护期。

观察思考

1. 特细砂混凝土有何特点?

2. 如何保证特细砂混凝土的质量?

4.5.4　轻混凝土

采用轻质多孔的轻集料,或不用轻集料而掺入引气剂或泡沫剂,制成的干表观密度不大于 1 950 kg/m³ 的混凝土称为轻混凝土。轻混凝土分为轻集料混凝土、多孔混凝土(加气混凝土、泡沫混凝土)、大孔混凝土(无砂混凝土、少砂混凝土)等。

轻集料混凝土是用轻粗集料(图 4.8)、轻砂(或普通砂)、水泥和水等原材料配制而成的混凝土(图 4.9)。

图 4.8　轻粗集料——陶粒

图 4.9　陶粒混凝土砌块

加气混凝土是以硅质材料(砂、粉煤灰及含硅尾矿等)和钙质材料(石灰、水泥)为主要原料,掺加引气剂,通过配料、搅拌、浇注、预养、切割、蒸压、养护等工艺过程制成的轻质多孔混凝土(图 4.10 和图 4.11)。

泡沫混凝土是采用机械方法将泡沫剂水溶液制备成泡沫(图 4.12),再将泡沫加入混凝土料浆中,经混合搅拌、浇注成型、蒸汽养护而成的一种轻质多孔混凝土(图 4.13)。

图 4.10　加气混凝土砌块

图 4.11　加气混凝土墙板

图 4.12　泡沫剂制备的泡沫

图 4.13　泡沫混凝土

　　大孔混凝土是以粗集料、水泥和水配制而成的一种轻质混凝土(图 4.14)。由于不含细集料,也称为无砂混凝土。因为水泥浆不能填满粗集料间的空隙而形成大孔结构。为了提高大孔混凝土的强度,有时也加入少量细集料(砂),则称为少砂混凝土。

图 4.14　大孔混凝土

　　轻混凝土的特性:容重轻,保温、隔热性能好,抗震、加工性能好,但强度也较低。

　　轻混凝土一般制作成砌块或墙板,主要用于有保温要求的墙体、楼面、屋面或各种构筑物的保温层。

4.6 混凝土质量的鉴别检验

4.6.1 检验项目

混凝土的质量鉴别检验应从以下方面进行:

①对组成混凝土的各种原材料进行质量鉴别检测。

②对混凝土拌合物的和易性进行检测评定。

③对混凝土试件进行强度和耐久性检测。

4.6.2 混凝土强度试件的取样方法

根据《混凝土结构工程施工质量验收规范》(GB 50204—2015)的规定,用于检验混凝土强度的试件,应在混凝土的浇筑地点随机抽取,取样与试件留置应符合下列规定:

①每拌制 100 盘且不超过 100 m³ 的同配合比的混凝土,取样不得少于 1 次。

②每工作班拌制的同一配合比的混凝土不足 100 盘时,取样不得少于 1 次。

③当一次连续浇筑超过 1 000 m³ 时,同一配合比的混凝土每 200 m³ 取样不得少于 1 次。

④每一楼层、同一配合比的混凝土,取样不得少于 1 次。

⑤每次取样应至少留置一组标准养护试件,同条件养护试件的留置组数应根据实际需要确定。

3 个试件为一组,每组试件的拌合物应在同一盘或同一车混凝土中的 1/4 处、1/2 处和 3/4 处分别取样,第一次取样和最后一次取样的时间间隔不宜超过 15 min。

试件的制作和养护方法参见《混凝土物理力学性能试验方法标准》(GB/T 50081—2019)的规定。

4.6.3 混凝土的检测试验及结果判定

组织学生分别进行下列各项试验,要求学生做好试验和记录,并进行结果计算和评定。

①混凝土拌合物的和易性检测:试验方法、步骤等参见《普通混凝土拌合物性能试验方法标准》(GB/T 50080—2016)。

②混凝土的立方体抗压强度试验:试验方法、步骤及结果评定规则等参见《混凝土物理力学性能试验方法标准》(GB/T 50081—2019)。

③混凝土的抗渗性能试验:试件留置数量和方法、试验方法及步骤、试验结果评定规则等参见《混凝土长期性能和耐久性能试验方法标准》(GB/T 50082—2009)。

1. 现场制作、养护混凝土立方体试件,在教师指导下学习填写材料检测委托(收样)单,见表4.4。

表4.4 混凝土(砂浆)检测委托(收样)单

	工程代码				试样名称		试样等级	
委托单位填写	委托单位				试样尺寸/mm		试样数量/组	
	工程名称				成型日期	年 月 日	检测龄期/d	
	使用部位				养护条件	同条件养护		
	委托检测项目(检测项目打"√",不检测项目打"×"。此行不留空白)	抗压	抗折	抗渗		标准养护		
						其他方式		
					送样人		联系电话	
见证单位填写	见证单位	见证人	证书编号	联系电话	备注			
检测单位填写	样品状态	有无见证人	收样人	收样日期				
				年 月 日				

2. 根据某实验室出具的某两组混凝土试件的抗压强度检测报告(表4.5),请计算其强度代表值并判定该混凝土的强度是否合格,填写在报告中。

表4.5 混凝土抗压强度检测报告

委托单位:×××建筑公司　　　　　　　　　　工程名称:××住宅

送样日期:2023年12月30日　　　　　　　　　报告日期:2023年12月30日

检测依据:GB/T 50081—2019

试样编号	使用部位	强度等级	成型日期	龄期/d	试件尺寸 长×宽×高/mm	抗压强度/MPa	
						单块值	代表值
1	一层圈梁	C20	2023.12.2	28	150×150×150	15.5	
						24.3	
						21.6	
2	一层挑梁	C25	2023.12.2	28	150×150×150	28.8	
						30.5	
						30.5	

结论:

练习作业

1. 混凝土的和易性和强度检验的目的是什么？

2. 混凝土立方体试件的取样和制作、养护有何规定？

3. 有一组边长为 150 mm 的立方体混凝土试件，其抗压破坏荷载分别为 590，765，790 kN。则该混凝土的强度代表值是多少？是否符合 C30 的设计强度等级要求？

活动建议

1. 组织学生参观混凝土实验室，了解混凝土实验仪器设备及其功能。

2. 组织学生到某建筑施工工地参观，了解混凝土的施工过程，并请现场施工员或操作工介绍混凝土施工质量保证的要求和经验。

3. 组织学生进行混凝土的配料、拌和，进行混凝土拌合物的和易性检测评定，并制作混凝土立方体试件，养护至 28 d 送实验室检测其强度。

4. 组织学生搜集因混凝土质量不合格造成建筑工程质量问题或毁损的事例，讨论混凝土的质量对工程质量和安全的重要性。

知识窗

请阅读以下与混凝土有关的国家、行业标准：

《混凝土结构工程施工质量验收规范》（GB 50204—2015）

《混凝土质量控制标准》（GB 50164—2011）

《混凝土强度检验评定标准》（GB/T 50107—2010）

《普通混凝土配合比设计规程》（JGJ 55—2011）

《混凝土结构设计标准》（GB 50010—2010，2024 年版）

《预拌混凝土质量控制标准》（DBJ 50/T-038—2018）

《普通混凝土长期性能和耐久性能试验方法标准》（GB/T 50082—2009）

《混凝土外加剂应用技术规范》（GB 50119—2013）

《混凝土外加剂》（GB 8076—2008）

《普通混凝土拌合物性能试验方法标准》（GB/T 50080—2016）

《混凝土物理力学性能试验方法标准》（GB/T 50081—2019）

学习鉴定

1. 填空题

（1）混凝土的和易性包括_____、_____、_____ 3个方面的性能。

（2）塑性混凝土的流动性用_____法测定，干硬性混凝土的流动性用_____法测定。

（3）影响混凝土强度的最主要因素是_____。

（4）混凝土拌合物应具有良好的_____，硬化后应具有足够的_____和_____。

（5）测定混凝土立方体抗压强度的标准试件尺寸是_____ mm。若采用
5～20 mm的石子，混凝土试件尺寸应为_____ mm。

（6）配制混凝土时，应重视水泥的_____和_____的选择。

2. 名词解释

（1）混凝土的和易性——

（2）合理砂率——

（3）标准立方体抗压强度——

（4）混凝土的外加剂——

3. 简答题

（1）混凝土的和易性如何评定？

（2）塑性混凝土与干硬性混凝土有哪些区别？

（3）如何改善混凝土的和易性？

（4）如何提高混凝土的强度？

（5）设计配合比与施工配合比有何区别？

4. 计算题

（1）某混凝土的设计配合比为 1∶1.98∶3.45∶0.45，施工现场实测砂、石的含水率分别为 5%，2%。当配 1 m³ 混凝土需用水泥 320 kg 时，试计算其他各种材料的用量以及施工配合比。

（2）有一组边长为 100 mm 的混凝土立方体试件,标准养护 28 d 送实验室检测,抗压破坏荷载分别为 310,300,280 kN,则该组混凝土的标准抗压强度值是多少?

（3）某工地采用 42.5 级的普通水泥拌制卵石混凝土,所用水灰比为 0.56。试问此混凝土能否达到 C25 混凝土的要求?

（4）某混凝土设计配合比为 1∶2.3∶4.1,水灰比为 0.6。已知每 1 m³ 混凝土拌合物中水泥用量为 295 kg/m³。现场有含水率为 5% 的砂 15 m³,堆积密度为 1 500 kg/m³,求现场砂能生产多少立方米混凝土?

教学评估见本书附录。

5 砂 浆

名词解释

本章内容简介

建筑砂浆的定义、作用及分类

砌筑砂浆的作用、技术性质及抽样送检方法

抹面砂浆的特点及施工要求

防水砂浆的制作

无机保温砂浆的组成及技术特点、施工要求

本章教学目标

认识砂浆的类别及作用

能采取措施保证砌筑砂浆的质量

能叙述抹面砂浆的特点及施工要求

会鉴定砂浆的质量

会制作防水砂浆，知道其用途

了解无机保温砂浆的组成及技术特点、施工要求

5.1 砂浆概述

问 题引入

请观察图5.1所示图片,你知道砂浆是如何制备的吗? 砂浆有哪些用途呢?

砂浆搅拌机

墙面抹灰

砌筑砖墙

砌筑砌块

图5.1 砂浆制作设备和砂浆应用

提 问回答

你知道砌筑砖墙、抹面、粘贴瓷砖等用的是什么材料吗?

5.1.1 砂浆的定义

建筑砂浆简称砂浆,是由胶凝材料(水泥、石灰、石膏等)、细集料(砂、炉渣等)和水(有时还掺入某些外掺材料)按一定比例配制而成的。

5.1.2 砂浆的作用

砂浆是建筑工程中使用较广泛、用量较大的一种建筑材料。其作用主要有:

①用于砌筑各种砖、石块、砌块等。

②可进行墙面、地面、梁、柱面、天棚面的表面抹灰。

③可用于粘贴大理石、水磨石、瓷砖等饰面材料。

④可用于填充管道及大型墙板的接缝。

⑤可用于对结构进行特殊处理(保温、防水、吸声等)。

⑥可用于构成复合墙体。

5.1.3 砂浆的分类

砂浆有3种分类方法:

按用途
- 砌筑砂浆
- 抹面砂浆
- 装饰砂浆
- 特种砂浆(保温砂浆、防水砂浆等)

按胶凝材料
- 水泥砂浆
- 石灰砂浆
- 混合砂浆(水泥石灰砂浆、水泥粉煤灰砂浆等)

按施工方法
- 现场配制砂浆
- 预拌砂浆(湿拌砂浆、干混砂浆)

5.2 砌筑砂浆

提 问回答

从砂浆的作用中,你能总结出什么是砌筑砂浆吗?

5.2.1 砌筑砂浆的定义

将砖、石、砌块等块材砌筑成为砌体(图5.2),起黏结、衬垫和传力作用的砂浆称为砌筑砂浆。

图 5.2 砌筑砂浆砌体(砖砌体、砌块砌体)

5.2.2 砌筑砂浆的作用及分类

砌筑砂浆起黏结块体材料、衬垫和传递荷载的作用,是砌体的重要组成部分。

根据砂浆的使用环境和强度等级指标,砌筑砂浆可以选用水泥砂浆、石灰砂浆、混合砂浆。

1)水泥砂浆

水泥砂浆强度高、耐久性好,但保水性差,适用于潮湿环境、水中以及要求砂浆强度等级≥M5 的工程。

2)石灰砂浆

石灰砂浆强度低、耐久性差,但保水性好,适用于地上、强度要求不高的低层或临时建筑工程中。

3)混合砂浆

混合砂浆保水性好,适用于地面以上干燥环境的工程中,其强度和耐久性介于上述二者之间。

5.2.3 砌筑砂浆的组成材料及要求

砌筑砂浆的组成材料主要有水泥、砂、水,其次有石灰膏、电石膏、粉煤灰、粒化高炉矿渣粉等矿物掺合料,还可以加入规定含量的外加剂。砌筑砂浆的组成材料及要求参见《砌筑砂浆配合比设计规程》(JGJ/T 98—2010)的规定。

砌筑砂浆用水泥应尽量采用低强度等级的通用硅酸盐水泥或砌筑水泥,且水泥质量应符合《通用硅酸盐水泥》(GB 175—2023)和《砌筑水泥》(GB/T 3183—2017)的规定。砂浆强度等级≤M15 时,宜选用 32.5 级通用硅酸盐水泥或砌筑水泥;砂浆强度等级 >M15 时,宜选用42.5 级通用硅酸盐水泥。

砌筑砂浆用砂宜采用中砂,石材砌体宜采用粗砂,且用砂质量应符合《建设用砂》(GB/T 14684—2022)或《普通混凝土用砂、石质量及检验方法标准》(JGJ 52—2006)的规定。

拌制砂浆用水应符合《混凝土用水标准》(JGJ 63—2006)的规定。

掺合料是为改善砂浆的和易性而加入的无机材料,同时也可以起节约水泥的作用,如石灰膏、粉煤灰、粒化高炉矿渣粉等。石灰必须熟化成石灰膏后使用。严禁使用脱水硬化的石灰膏,因其不但起不到增加和易性的作用,还会影响砂浆强度。严寒地区的冬期施工才允许将磨细生石灰粉直接加入砂浆中使用。

与混凝土相似,为改善砂浆的某些性能,更好地满足施工条件和使用功能的要求,可在砂浆中掺入外加剂。外加剂的品种和掺量必须通过试验确定。

5.2.4 砌筑砂浆的技术性质

 **组讨论**

砌筑砂浆应具备哪些性质?可按新拌砂浆和硬化后的砂浆分别讨论。

1)新拌砂浆的和易性

新拌砂浆的和易性是指新拌砂浆是否便于施工并保证质量的综合性质。用和易性好的砂浆砌筑砖石,便于施工操作,易于铲铺,灰缝填筑饱满、厚薄均匀密实,与砖石黏结牢固,可使砌体获得较高的强度和整体性。新拌砂浆的和易性包括流动性和保水性两个方面的内容。

(1)流动性

流动性又称为稠度,是指砂浆在自重或外力作用下可流动的性能。流动性用沉入度表示,用砂浆稠度仪测定。沉入度即在规定时间内,标准圆锥体在砂浆中沉入的深度(图5.3和图5.4),用 mm 表示。沉入度值越大,砂浆越稀,流动性越大,越容易流动。

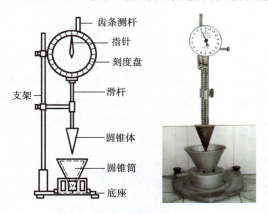

图 5.3 砂浆稠度测定仪

图 5.4 沉入度测定示意图

观看砂浆稠度试验。

流动性的选择与砌体种类(砖、石、砌块、板及其他材料等)、施工方法(铺砌、灌浆、抹灰、振捣、砖块喷水、浸水、机械搅拌与手工拌和等)以及天气情况(气温、湿度、风力)有关,一般可由施工操作经验把握,也可参考表5.1选用。

表 5.1　砌筑砂浆的施工稠度

砌体种类	施工稠度/mm
烧结普通砖砌体	70 ~ 90
混凝土实心砖、混凝土多孔砖砌体,普通混凝土小型空心砌块砌体,蒸压灰砂砖砌体,蒸压粉煤灰砖砌体	50 ~ 70
烧结多孔砖、空心砖砌体,轻集料混凝土小型空心砌块砌体,蒸压加气混凝土砌块砌体	60 ~ 80
石砌体	30 ~ 50

对于多孔的吸水性强的砌体材料或高温干燥天气,要求砂浆稠度要大些;反之,对于结构密实的吸水性差的砌体材料或湿冷天气,砂浆稠度可小些。

影响砂浆稠度的因素有:胶凝材料的种类及用量;掺合料的种类及掺量;砂的种类、粗细及级配;外加剂的种类及掺量;拌和用水量;搅拌时间。

察思考

工程中如何控制砂浆稠度?

总结:砂浆的流动性随用水量、胶凝材料的品种、砂子的粗细以及砂浆配合比而变化。实际工程中常通过改变胶凝材料的数量和品种来控制砂浆的稠度。

（2）保水性

砂浆的保水性是指砂浆保持水分不易泌出流失的能力。砂浆的保水性用保水率表示。砂浆保水率是指砂浆被吸水后,砂浆中保留的水分占原有水分的百分率。保水率越大,则砂浆保水性越好。砂浆保水率按照《建筑砂浆基本性能试验方法标准》(JGJ/T 70—2009)规定的方法测定。水泥砂浆的保水率应≥80%,混合砂浆的保水率应≥84%,预拌砌筑砂浆的保水率应≥88%。

砂浆拌合物在运输及停放过程中内部各组分的稳定性用分层度表示。分层度也能间接反映砂浆的保水性。分层度的测定是先测出砂浆的沉入度,再将砂浆装入分层度筒(图5.5)静

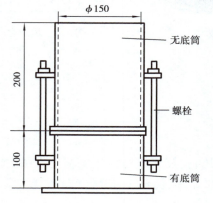

图 5.5　砂浆分层度筒(单位:mm)

置 30 min,之后去掉上部 200 mm 厚砂浆,测出筒下部 100 mm 厚砂浆的沉入度,两次沉入度之差即为分层度,用 mm 表示。

观看砂浆分层度试验。

砂浆分层度
试验

保水性好的砂浆,其分层度应在 10 ~ 20 mm 为宜。分层度大于 30 mm 的砂浆,保水性不良,在储运过程中水分容易离析(即水分上浮,水泥和砂子下沉),砂浆塑性变差,不便施工,使用前必须重新搅拌;而在砌筑时水分又易于被砖石吸收,或出现泌水、流浆现象,影响砂浆的正常凝结硬化,降低砂浆的强度和黏结力,从而降低砌体工程质量。分层度接近零的砂浆,保水性虽好,但容易产生干缩裂缝。

影响砂浆保水性的主要因素是胶凝材料的种类和用量,砂的品种、细度、级配和用量以及拌和用水量等。一般在砂浆中掺加石灰膏、粉煤灰等外掺料可以改善砂浆的保水性。

2)硬化砂浆的技术性质

砂浆硬化后成为砌体的组成材料之一,应能与砖石结合,传递和承受各种外力,使砌体具有必要的整体性和耐久性。因此,砂浆应具有一定的抗压强度、黏结力、耐久性以及工程所要求的其他技术性质。

(1)砂浆的抗压强度及强度等级

砌筑砂浆的抗压强度是以边长为 70.7 mm 的立方体试块,在标准条件下[温度(20 ± 2)℃,湿度≥90%]养护 28 d 测定的。根据《砌筑砂浆配合比设计规程》(JGJ/T 98—2010)的规定,水泥砂浆强度等级可分为 M5,M7.5,M10,M15,M20,M25,M30 共 7 个等级,水泥混合砂浆的强度等级可分为 M5,M7.5,M10,M15 共 4 个等级。

例如,M10 表示砂浆的立方体抗压强度标准值为 10 MPa。

观看砂浆抗压强度试验。

砂浆抗压
强度试验

(2)影响砂浆强度的因素

砂浆强度受砂浆本身的组成材料和配合比的影响,同种砂浆在配合比相同的条件下,砂浆强度与基层材料的吸水性有关。

①铺砌在密实底面材料(如毛石)的砂浆,影响其强度的因素与混凝土基本相同,主要取决于水泥的强度与水灰比。

②铺砌在多孔底面材料(如砖、砌块)的砂浆,其强度主要取决于水泥强度和水泥用量,与用水量无关。

阅读理解

砂浆铺砌在多孔吸水的底面材料(如普通砖)上,其中的水分要被底面材料吸去一些。由于砂浆具有保水性,因此不论拌和时加入多少水,被底面材料吸水后,保留在砂浆中的水量几乎相同,因而其强度与用水量无关。

(3)砂浆的黏结力

①由于砖石等砌体靠砂浆黏结,黏结得越牢固,则整个砌体的强度、耐久性及抗震性越好。

②一般砂浆抗压强度越高,则其与基层材料的黏结力越强。

③砂浆的黏结力还与基层材料的表面状态、清洁程度、湿润状况及施工养护条件有关。若基层材料表面粗糙、洁净、湿润,施工后养护较好,则砂浆的黏结力越好。

5.2.5　配合比的选用

为了实现节能减排和绿色施工,减少粉尘、噪声污染,要求砌体结构工程施工中所用砌筑砂浆宜优先选用预拌砂浆。当条件不具备,需要现场拌制砂浆时,应按砌筑砂浆的配合比进行配制。

砌筑砂浆应根据工程类别及砌体部位的设计要求来选择砂浆的强度等级,再按所选择的砂浆强度等级,按照《砌筑砂浆配合比设计规程》(JGJ/T 98—2010)进行配合比设计。若无设计配合比的,一般情况下可参考有关资料和手册选用(表 5.2 和表 5.3),经过试配、调整来确定施工配合比。

表 5.2　每立方米水泥砂浆材料用量　　　　　　　　　单位:kg/m³

强度等级	水　泥	砂　子	用水量
M5	200～230		
M7.5	230～260		
M10	260～290		
M15	290～330	砂的堆积密度值	270～330
M20	340～400		
M25	360～410		
M30	430～480		

注:①M15 及 M15 以下强度等级水泥砂浆,水泥强度等级为 32.5 级;M15 以上强度等级水泥砂浆,水泥强度等级为 42.5 级。

②根据施工水平合理选择水泥用量。

③当采用细砂或粗砂时,用水量分别取上限或下限。

④稠度小于 70 mm 时,用水量可小于下限。

⑤施工现场气候炎热或干燥季节,可酌量增加用水量。

表5.3 每立方米水泥粉煤灰砂浆材料用量　　　　　　单位:kg/m³

强度等级	水泥和粉煤灰总量	粉煤灰	砂	用水量
M5	210~240	粉煤灰掺量可占胶凝材料总量的15%~25%	砂的堆积密度值	270~330
M7.5	240~270			
M10	270~300			
M15	300~330			

注:①表中水泥强度等级为32.5级。
②当采用细砂或粗砂时,用水量分别取上限或下限。
③稠度小于70 mm时,用水量可小于下限。
④施工现场气候炎热或干燥季节,可酌量增加用水量。

5.2.6　砌筑砂浆的取样送检

1)抽检数量

每一检验批且不超过250 m³砌体的各类、各强度等级的普通砌筑砂浆,每台搅拌机应至少抽检一次。

2)检验方法

在砂浆搅拌机出料口或在湿拌砂浆卸料过程中的中间部位随机取样制作砂浆试块(现场拌制的砂浆,同盘砂浆只应制作一组试块),砂浆试块标准养护28 d后做抗压强度试验。

3)评定标准

砌筑砂浆试块强度验收时,其强度合格标准应符合下列规定:

①砌筑砂浆的验收批,同一类型、强度等级的砂浆试块不应少于3组(每组3个试块);同一验收批砂浆只有1组或2组试块时,每组试块抗压强度平均值应大于或等于设计强度等级值的1.10倍。

②同一验收批砂浆试块强度平均值应大于或等于设计强度等级值的1.10倍,同一验收批砂浆试块抗压强度的最小一组平均值应大于或等于设计强度等级值的0.85倍。

现场制作、养护砂浆立方体试块,学习填写表4.4检测委托(收样)单,并进行抗压强度检测试验,做好数据记录和结果计算及评定。

请阅读学习以下有关砂浆的国家、行业标准:
《砌筑砂浆配合比设计规程》(JGJ/T 98—2010)
《建筑砂浆基本性能试验方法标准》(JGJ/T 70—2009)
《砌体结构工程施工质量验收规范》(GB 50203—2011)
《砌体结构工程施工规范》(GB 50924—2014)
《砌筑水泥》(GB/T 3183—2017)

5.3　抹面砂浆

5.3.1　抹面砂浆的定义

抹面砂浆又称为抹灰砂浆,是涂抹于建筑物或构筑物表面的砂浆的总称。砂浆在建筑物表面起平整、保护、美观的作用(图5.6和图5.7)。

图5.6　底层抹灰

图5.7　面层抹灰

5.3.2　抹面砂浆的特点

①与砌筑砂浆相比,抹面砂浆与底面和空气的接触面更大,因此失去水分的速度更快。这虽然不利于水泥的硬化,但却有利于石灰的硬化。

小组讨论

石灰砂浆的和易性好,易操作,它广泛应用于民用建筑的哪些部位? 勒脚、女儿墙或栏杆等暴露部位及湿度大的内墙面需要用哪种砂浆? 为什么?

总结:石灰砂浆主要用于建筑物内部及部分外墙抹面,而建筑物的暴露部位及湿度大的内墙需要用水泥砂浆,以增强它们的耐水性。

②与砌筑砂浆不同,抹面砂浆的主要技术要求不是抗压强度,而是和易性,以及与基底材料的黏结力,故需要多用一些胶凝材料。

5.3.3　抹面砂浆的施工要求

为了保证抹灰层表面平整,避免开裂脱落,抹面砂浆常分为底层、中层和面层(图5.6和图5.7),分层涂抹,各层的作用、成分和稠度要求各不相同,见表5.4。

表5.4　各层面对抹灰砂浆的要求

抹灰层面	作　用	要　　求
底　层	黏　结	稠度较稀
中　层	找　平	较底层砂浆稠
面　层	保护、装饰	用较细的砂子,涂抹平整、色泽均匀

①砖墙底层可用石灰砂浆。

②混凝土底层可用混合砂浆或水泥砂浆。

③有防水、防潮、防碰撞要求时用水泥砂浆。

④板条墙及金属网基层采用麻刀石灰砂浆、纸筋石灰砂浆或混合砂浆。

5.4　防水砂浆

防水砂浆是一种抗渗性能高的砂浆(图5.8),适用于不受振动和具有一定刚度的混凝土或砖石砌体工程,用于水塔、水池、地下工程等的防水。砂浆防水层又称为刚性防水层。

图5.8　防水砂浆

配制防水砂浆的方法有两种。

①普通防水砂浆。普通防水砂浆一般采用42.5级以上的普通水泥、级配良好的中砂,配合比一般为水泥∶砂=1∶(1.5~3),水灰比控制在0.50~0.55,适用于一般的防水工程。

②掺防水剂的砂浆。在水泥砂浆中掺入防水剂,可促使砂浆结构密实,堵塞毛细孔,提高砂浆的抗渗能力。常用防水剂有3类:水玻璃类防水剂、氯化物金属盐类防水剂和金属皂类防水剂。

防水砂浆的防水效果在很大程度上取决于施工质量。涂抹时一般分为5层,每层厚度约5 mm,每层在初凝前要用抹子压实,最后一层压光,并精心养护。

5.5 无机保温砂浆

5.5.1 无机保温砂浆的组成

无机保温砂浆(图5.9)可用于建筑物内外墙保温节能,以无机类的轻质保温颗粒作为轻集料,加胶凝材料、抗裂添加剂及其他填充料等组成的干粉砂浆,产品状态呈均匀灰色粉体,在施工现场加水搅拌即可使用。

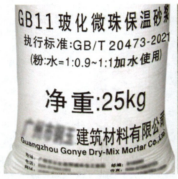

图5.9 无机保温砂浆

 阅读理解

中空玻化微珠(图5.10)是常用的轻集料,起保温节能的作用,是一种无机物玻璃质矿物材料。它由火山岩粉碎成矿砂,经过特殊膨化烧法加工而成。其产品呈不规则球状体颗粒,内部为空腔结构,表面呈玻璃化封闭状态,封闭度有一定变化,理化性能稳定,具有质轻、隔热防火、耐高低温、抗老化等优良特性。可部分替代粉煤灰漂珠、玻璃漂珠、普通膨胀珍珠岩、聚苯颗粒等诸多传统轻质集料在不同制品中的应用,是一种环保型高性能无机轻质绝热材料。

图5.10 玻化微珠无机保温砂浆

无机保温砂浆是预拌砂浆(也称为商品砂浆)的一种。预拌砂浆是由专业厂家生产的湿拌砂浆或干混砂浆。湿拌砂浆是由水泥、细骨料、矿物掺合料、外加剂、添加剂和水,按一定比例,在搅拌站经计量、拌制后,运至使用地点,并在规定时间内使用的拌合物。干混砂浆是由水泥、干燥骨料或粉料、添加剂以及根据性能确定的其他组分,按一定比例,在专业生产厂经计量、混合而成的混合物,在使用地点按规定比例加水或配套组分拌和使用。

由于现场拌制砂浆质量不稳定、材料浪费大、砂浆品种单一、文明施工程度低以及污染环境等,因此取消现场拌制砂浆,采用工业化生产的预拌砂浆势在必行,它是保证建筑工程质量、提高建筑施工现代化水平、实现资源综合利用、减少城市污染、改善大气环境、发展散装水泥、实现可持续发展的一项重要举措。

节能降耗、绿色环保是我国经济发展的必然趋势,同时对建筑技术和文明施工提出了更高的要求。因此,预拌砂浆在全国各地必将得到大力推广和使用。

5.5.2 无机保温砂浆材料保温系统的特点

将无机保温砂浆、弹性腻子与保温涂料或与面砖和勾缝剂按照一定的方式复合在一起,设置于建筑物墙体表面,对建筑物起保温隔热、装饰和保护作用的体系称为无机保温砂浆材料保温系统。

①无机保温砂浆材料保温系统由纯无机材料制成,其耐酸碱、耐腐蚀,不开裂、不脱落,稳定性高,不存在老化问题,与建筑墙体同寿命。

②施工简便,综合造价低。无机保温砂浆材料保温系统可直接抹在毛坯墙上,其施工方法与水泥砂浆找平层相同。该产品使用的机械、工具简单,施工便利,与其他保温系统相比有明显的施工期短、质量容易控制的优势。

③适用范围广。无机保温砂浆材料保温系统适用于各种墙体基层材质、各种形状复杂墙体的保温。全封闭、无接缝、无空腔,不但可以做外墙外保温,还可以做外墙内保温,或者外墙内外同时保温,以及屋顶的保温和地热的隔热层,为节能体系的设计提供了一定的灵活性。

④绿色环保无公害。无机保温砂浆材料保温系统无毒、无味、无放射性污染,对环境和人体无害,同时可以利用部分工业废渣及低品级建筑材料,具有良好的资源综合利用和环境保护效益。

⑤黏结强度高。无机保温砂浆材料保温系统与基层黏结强度高,不产生裂纹及空鼓。这一点与国内其他的保温材料相比具有一定的技术优势。

⑥防火阻燃安全性好,用户放心。无机保温砂浆材料保温系统防火不燃烧,可广泛用于密集型住宅、公共建筑、大型公共场所、易燃易爆场所、对防火要求严格的场所;还可作为防火隔离带施工,提高建筑防火标准。

⑦热工性能好。无机保温砂浆材料保温系统蓄热性能远大于有机保温材料,可用于南方的夏季隔热。

⑧防霉效果好。可以防止冷热桥传导,防止室内结露后产生霉斑。如果采用适当配方的无机保温砂浆材料保温系统施工,可以达到技术性能和经济性能的最优化。

5.5.3 无机保温砂浆材料保温系统的施工要求

①基层表面应无粉尘、无油污及影响黏结性能的杂物。

②基层吸水量大时应用水湿润,使基层达到内湿外干,表面无明水。

③将保温系统专用界面剂按照一定的水灰比搅拌均匀,批刮于基层上,并拉成锯齿状,厚度约为3 mm,或用喷涂方法也可以。

④将无机保温砂浆按照一定的比例搅拌成浆体,应搅拌均匀、无粉团。

⑤将无机保温砂浆根据节能要求进行粉抹,2 cm以上需分次施工,两遍抹灰间隔应在24 h以上,用喷涂方法也可以。

⑥无机保温砂浆施工完毕需养护3~5 d(视气温而定)。

⑦无机保温砂浆养护结束后,建议表面做防渗水处理(涂SB-1防渗剂两道)。

⑧第二道防渗剂施工完毕4 h即可进行无机保温砂浆保护层施工。

⑨无机保温砂浆表面先批一道抹灰泥,同时湿铺耐碱网格布,再批一道抹平(厚度应≥3 mm)。

⑩保护层施工完毕后,养护2~3 d(视气温而定)即可进行后续饰面层施工。

无机保温砂浆材料保温系统的施工构造层次如图5.11所示。

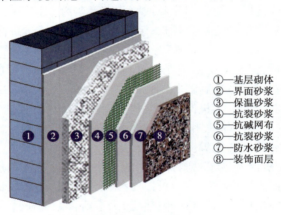

①—基层砌体
②—界面砂浆
③—保温砂浆
④—抗裂砂浆
⑤—抗碱网布
⑥—抗裂砂浆
⑦—防水砂浆
⑧—装饰面层

图5.11 无机保温砂浆材料保温系统的施工构造层次

知 识窗

请阅读学习以下有关砂浆的国家标准:
《建筑保温砂浆》(GB/T 20473—2021)
《预拌砂浆》(GB/T 25181—2019)

练 习作业

1.新拌砂浆的和易性包括哪些内容?砂浆和易性不良对砌筑和抹灰工程有何影响?

2．测定砌筑砂浆强度的标准试块尺寸是多少？砌筑砂浆的强度等级有哪些？

3．用于不吸水基面或吸水基面的两种砂浆，影响其强度的决定性因素是什么？

4．砌筑砂浆与抹面砂浆有何不同？

5．防水砂浆的常见配制方法有哪几种？

6．什么是无机保温砂浆？有何特点？

学习鉴定

1．填空题

（1）新拌砂浆的和易性包括＿＿＿＿＿＿＿＿和＿＿＿＿＿＿＿＿，分别用＿＿＿＿＿和＿＿＿＿＿＿表示。

（2）测定砌筑砂浆强度的标准试块尺寸是＿＿＿＿＿＿＿＿。每＿＿＿＿＿个试块为一组。

2. 选择题

（1）砌筑基础应选用（　　）。

    A. 石灰砂浆　　　　　B. 混合砂浆　　　　　C. 水泥砂浆　　　　　D. 纸筋砂浆

（2）砂浆的保水性用（　　）表示。

    A. 坍落度　　　　　　B. 保水率　　　　　　C. 延伸度　　　　　　D. 维勃度

（3）用于吸水基层（如黏土砖）的砂浆，其强度主要取决于（　　）。

    A. 水灰比　　　　　　　　　　　　　　B. 水泥强度和水泥用量

    C. 用水量　　　　　　　　　　　　　　D. 水泥浆稠度

3. 综合题

（1）写出水泥砂浆的 7 个强度等级。

（2）砂浆和易性良好对砌筑和抹灰工程有何影响？

（3）无机保温砂浆材料保温系统有哪些特点？其施工构造层次有哪些？

教学评估

教学评估见本书附录。

6 砌体材料

本章内容简介

砌体材料的定义、作用及分类

砌墙砖的常用品种、规格、性能特点及用途

常用砌块的品种、特点及应用

砌筑石材的种类及作用

砌体材料的检验及抽样

名词解释

本章教学目标

能认识常用砌体材料的品种、规格，并能正确选用

会进行砌墙砖的抽样送检及质量鉴定

能认识各种砌块和石材

问 题引入

观察下列图片(图6.1),你认识吗?

图6.1　砌体材料及砌体

砌体是由不同形状和尺寸的块材(如砖、石、砌块等)用砂浆砌筑而成的整体。砌体按所采用的块材不同,可分为砖砌体、石砌体、砌块砌体三大类;按砌体的作用不同,可分为承重砌体、非承重砌体两大类。本章介绍的砌体材料是砌墙砖、砌块和砌筑石材。

6.1　砌墙砖

6.1.1　砌墙砖的定义和分类

凡以黏土、工业废料或其他地方资源为主要原料,以不同的工艺制成的,在建筑物中用于承重墙或非承重墙的砖,统称为砌墙砖。

砌墙砖有3种分类方法:

①按孔洞率分为 $\begin{cases} \text{实心砖:无孔洞或孔洞率} < 25\% \\ \text{多孔砖:孔洞率} \geq 25\%,\text{孔的数量多但孔洞小} \\ \text{空心砖:孔洞率} \geq 40\%,\text{孔的数量少但孔洞大} \end{cases}$

②按生产工艺分为 $\begin{cases} \text{烧结砖:经焙烧制成的砖} \\ \text{非烧结砖:经常压或高压蒸汽养护而成的砖} \end{cases}$

③按砖的原材料分为黏土砖、页岩砖、煤矸石砖、粉煤灰砖、建筑渣土砖、淤泥砖、污泥砖、固体废弃物砖、炉渣砖、混凝土砖等。

黏土砖的生产与使用需毁田取土,破坏耕地和消耗农业资源,因此已经被明文禁止生产和使用。

6.1.2 烧结普通砖

1)烧结普通砖的技术性质

规格为 240 mm×115 mm×53 mm 的无孔或孔洞率小于 25% 的烧结砖称为烧结普通砖。

（1）外观质量和尺寸偏差

①规格及部位名称。烧结普通砖的各部位名称及公称尺寸和外形如图 6.2、图 6.3 所示。

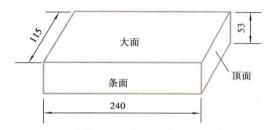

图 6.2　烧结普通砖各部位名称及公称尺寸

图 6.3　烧结普通砖外形

按烧结普通砖的外形尺寸,若加 10 mm 灰缝厚度,试计算砌 1 m³ 砌体共需多少块砖？其中,砂浆的体积理论上应为多少？

②烧结普通砖的外观质量和尺寸偏差应符合表 6.1 和表 6.2 的要求。

表 6.1　烧结普通砖的外观质量要求　　　　　　　　　　　　　　　　单位:mm

项　目		指　标
两条面高度差		≤2
弯曲		≤2
杂质凸出高度		≤2
缺棱掉角的 3 个破坏尺寸		不得同时大于 5
裂纹长度	a. 大面上宽度方向及其延伸至条面的长度	≤30
	b. 大面上长度方向及其延伸至顶面的长度或条顶面上水平裂纹的长度	≤50
完整面		不得少于一条面和一顶面

注:①为砌筑挂浆而施加的凹凸纹、槽、压花等不算作缺陷。

　②凡有下列缺陷之一者,不得称为完整面:缺损在条面或顶面上造成的破坏面尺寸同时大于 10 mm×10 mm;条面或顶面上裂纹宽度大于 1 mm,其长度超过 30 mm;压陷、粘底、焦花在条面或顶面上的凹陷或凸出超过 2 mm,区域尺寸同时大于 10 mm×10 mm。

表 6.2　烧结普通砖的尺寸允许偏差　　　　　　　　　单位:mm

公称尺寸	指　标	
	样本平均偏差	样本极差 ≤
240	±2.0	6.0
115	±1.5	5.0
53	±1.5	4.0

（2）强度等级

烧结普通砖按抗压强度分为 MU30,MU25,MU20,MU15,MU10 共 5 个等级,各个强度等级的抗压强度值应符合表 6.3 的规定。

表 6.3　烧结普通砖的强度等级　　　　　　　　　单位:MPa

强度等级	抗压强度平均值 $\overline{f}\geqslant$	强度标准值 f_k ≥
MU30	30.0	22.0
MU25	25.0	18.0
MU20	20.0	14.0
MU15	15.0	10.0
MU10	10.0	6.5

（3）耐久性指标

当烧结普通砖的原料中含有有害杂质或因生产工艺不当时,可造成烧结普通砖的质量缺陷而影响其耐久性,主要的缺陷和耐久性指标有泛霜、石灰爆裂、抗风化性能,以及成品中不允许有欠火砖、过火砖、酥砖和螺旋纹砖等。以上各项性能应符合《烧结普通砖》(GB/T 5101—2017)的相关要求。

观看砖的抗压强度试验。

砖的抗压
强度试验

2）烧结普通砖的应用

烧结普通砖具有一定的强度,耐久性好,价格低,生产工艺简单,原材料丰富,用于砌筑墙体、基础、柱、烟囱,以及铺砌地面。

配砖(即砌筑时与主规格砖配合使用的砖)的常用规格为 175 mm×115 mm×53 mm,其他配砖规格由供需双方协商确定。配砖常与多孔砖、空心砖及砌块配合,用于砌筑墙体根部、顶部及门窗洞口两侧等要求实砌的部位。

烧结普通砖的吸水率大,从砂浆中大量吸水后会使水泥不能正常水化、硬化,降低砂浆的黏结力,导致砌体强度下降。因此,为了提高砂浆对砖的黏结力,必须预先将砖浇水湿润,方可砌筑。

阅读理解

要准确地判定烧结普通砖的各项技术质量,必须依据国家标准规定的试验方法,并使用符合标准要求的专用试验设备进行试验检测,但也可以根据实践经验对其质量进行初步鉴别。

欠火砖颜色浅,敲击声音闷哑。切开砖的断面,有明显生土心,或砖心呈灰黑色,含有大量未燃碳粒。其孔隙率大、强度低、耐水性差、抗风化性能差。

过火砖颜色深,敲击声音清脆响亮。其强度高、耐久性好,但翘曲变形大。

观察砖上裂纹状态,若砖的大面上存在椭圆形重复裂纹,类似人头顶旋纹的,称为螺旋纹砖;若裂纹呈龟裂状,敲之声音发哑,称为哑音砖;若砖的裂纹在条面上呈酥松的层裂,称为酥砖。

欠火砖、过火砖、螺旋纹砖、哑音砖、酥砖都属于不合格品。

泛霜是指烧结普通砖的原料中含有可溶性盐类(如 Na_2SO_4),在砖的使用过程中,随着砖内水分的进入和蒸发而在砖表面产生的盐析现象,一般为白色霜样的粉状物,如图6.4所示。

石灰爆裂是指烧结普通砖的原料中或内燃料中含有石灰质成分($CaCO_3$),在烧砖过程中形成的过火石灰(CaO)留在了砖内,这些过火石灰在砖内逐渐吸收水分熟化,产生体积的剧烈膨胀,从而使砖发生胀裂破坏,如图6.5所示。

图6.4　砖的泛霜现象　　　　　　　图6.5　砖的石灰爆裂现象

6.1.3　烧结多孔砖和烧结空心砖

烧结多孔砖为竖孔,孔洞率不小于28%(图6.6);烧结空心砖为水平孔,孔洞率不小于40%(图6.7),主要原料有黏土、页岩、粉煤灰、煤矸石等。

图6.6　烧结多孔砖

图 6.7 烧结空心砖

烧结多孔砖和烧结空心砖比烧结普通砖节约原材料和燃料,且自重轻,保温隔热性能好,有较大的尺寸和足够的强度,施工效率高。砖的壁和肋越厚,砖的强度越高。

烧结多孔砖可以用于砌筑承重墙(6层以下)和非承重墙(如分隔墙、围护墙等),而烧结空心砖只能用于砌筑非承重墙,起围护和分隔作用。

1)烧结多孔砖

(1)规格

烧结多孔砖砌筑时的孔洞方向与受力方向一致。其外形为直角六面体,长、宽、高应符合下列尺寸规定:290,240,190,180,140,115,90 mm。其孔洞应符合表6.4的规定。

表 6.4 烧结多孔砖和多孔砌块的孔型、孔结构及孔洞率

孔 型	孔洞尺寸/mm		最小外壁厚/mm	最小肋厚/mm	孔洞率/%		孔洞排列
	孔洞宽度尺寸 b	孔洞长度尺寸 L			砖	砌块	
矩形条孔或矩形孔	≤13	≤40	≥12	≥5	≥28	≥33	1. 所有孔宽应相等,孔采用单向或双向交错排列; 2. 孔洞排列上下、左右应对称,分布均匀,手抓孔的长度方向尺寸必须平行于砖的条面

注:①矩形孔的孔长 L、孔宽 b 满足式 $L≥3b$ 时,为矩形条孔。

②孔4个角应做成过渡圆角,不得做成直尖角。

③如设有砌筑砂浆槽,则砌筑砂浆槽不计算在孔洞率内。

④规格大的砖和砌块应设置手抓孔,手抓孔尺寸为(30～40)mm×(75～85)mm。

(2)技术性能

①强度等级。烧结多孔砖根据抗压强度分为 MU30,MU25,MU20,MU15,MU10 共 5 个等级,各产品等级的强度值均应不低于《烧结多孔砖和多孔砌块》(GB 13544—2011)的规定,见表6.5。

表 6.5 烧结多孔砖和多孔砌块的强度等级   单位:MPa

强度等级	抗压强度平均值 $\overline{f}$ ≥	强度标准值 f_k ≥
MU30	30.0	22.0
MU25	25.0	18.0
MU20	20.0	14.0
MU15	15.0	10.0
MU10	10.0	6.5

②密度等级。烧结多孔砖的密度等级分为 1 000,1 100,1 200,1 300 共 4 个等级。其密度等级应符合表 6.6 的规定。

表 6.6　烧结多孔砖和多孔砌块的密度等级　　　　　单位:kg/m³

密度等级		3 块多孔砖或多孔砌块
烧结多孔砖	烧结多孔砌块	干燥表观密度平均值
—	900	≤900
1 000	1 000	900 ~ 1 000
1 100	1 100	1 000 ~ 1 100
1 200	1 200	1 100 ~ 1 200
1 300	—	1 200 ~ 1 300

③烧结多孔砖的外观质量、尺寸偏差、泛霜、石灰爆裂、抗风化性能等,应符合《烧结多孔砖和多孔砌块》(GB 13544—2011)的相关要求。

2)烧结空心砖

(1)规格

烧结空心砖砌筑时的孔洞方向与受力方向垂直。砖的外形为直角六面体,在与砂浆的结合面上设有增加结合力的深度 2 mm 以上的凹线槽(图 6.7)。

烧结空心砖的长度、宽度、高度尺寸应符合下列要求:

——长度规格尺寸(mm):390,290,240,190,180(175),140;

——宽度规格尺寸(mm):190,180(175),140,115;

——高度规格尺寸(mm):180(175),140,115,90。

其他规格尺寸由供需双方协商确定。

(2)技术性能

①密度等级。烧结空心砖的密度等级分为 800,900,1 000,1 100 共 4 个等级,其对应的 5 块体积密度平均值应符合表 6.7 的规定。

表 6.7　烧结空心砖和空心砌块的密度等级　　　　　单位:kg/m³

密度等级	5 块体积密度平均值
800	≤800
900	801 ~ 900
1 000	901 ~ 1 000
1 100	1 001 ~ 1 100

②强度等级。烧结空心砖的强度等级分为 MU10.0,MU7.5,MU5.0,MU3.5 共 4 个等级,各强度等级的强度值应符合表 6.8 的规定。

表6.8　烧结空心砖和空心砌块强度等级　　　　　单位：MPa

强度等级	抗压强度		
	抗压强度	变异系数 $\delta \leq 0.21$	变异系数 $\delta > 0.21$
	平均值 $\overline{f} \geq$	强度标准值 $f_k \geq$	单块最小抗压强度值 $f_{min} \geq$
MU10.0	10.0	7.0	8.0
MU7.5	7.5	5.0	5.8
MU5.0	5.0	3.5	4.0
MU3.5	3.5	2.5	2.8

③烧结空心砖的外观质量、尺寸偏差、泛霜、石灰爆裂、抗风化性能等，应符合《烧结空心砖和空心砌块》(GB/T 13545—2014)的相关要求。

6.1.4　蒸压粉煤灰砖

蒸压粉煤灰砖是指以粉煤灰、生石灰为主要原料，可掺加适量石膏等外加剂和其他集料，经坯料制备、压制成型、高压蒸汽养护而制成的砖，如图6.8所示。砖的外形、公称尺寸同烧结普通砖。

蒸压粉煤灰砖有彩色、本色两种。蒸压粉煤灰砖按抗压强度和抗折强度分为 MU30，MU25，MU20，MU15，MU10 共5个强度等级。

蒸压粉煤灰砖的外观质量、尺寸偏差、强度、抗冻性、抗碳化性、吸水性、干缩性等各项性能指标，应符合《蒸压粉煤灰砖》(JC/T 239—2014)的相关要求。龄期不足10 d的砖不得出厂。

蒸压粉煤灰砖可用于工业与民用建筑的墙体和基础，但用于基础及易受冻融和干湿交替作用的部位的砖，其强度等级必须为 MU15 及以上。该砖不得用于长期受热200 ℃以上，受急冷、急热和有酸性介质侵蚀的建筑部位。

图6.8　蒸压粉煤灰砖

图6.9　混凝土实心砖

6.1.5　混凝土实心砖

(1)定义

混凝土实心砖是指以水泥、骨料，以及根据需要加入的掺合料、外加剂等，经加水搅拌、成型、养护制成的实心砖，如图6.9所示。

（2）规格、等级

①规格。混凝土实心砖的主规格尺寸为 240 mm × 115 mm × 53 mm。其他规格由供需双方协商确定。

②密度等级。按混凝土实心砖的密度，分为 A 级（≥2 000 kg/m³）、B 级（1 680 ~ <2 000 kg/m³）和 C 级（<1 680 kg/m³）3 个密度等级。

③强度等级。按混凝土实心砖的抗压强度，分为 MU40,MU35,MU30,MU25,MU20,MU15,MU10,MU7.5 共 8 个等级。

（3）特点

混凝土实心砖具有尺寸规整、准确,强度高,砌筑灰缝均匀等特点,由于是混凝土制品,还具备混凝土产品的特质。

（4）技术要求

混凝土实心砖的技术要求有尺寸偏差、外观质量、密度等级、强度等级、最大吸水率、干燥收缩率和相对含水率、抗冻性、碳化系数和软化系数等项目。其各项性能指标应符合《混凝土实心砖》（GB/T 21144—2023）的相关要求。龄期不足 28 d 的砖不得出厂。

6.1.6　承重混凝土多孔砖

（1）定义

承重混凝土多孔砖是以水泥、砂、石等为主要原材料,经配料、搅拌、成型、养护制成,用于承重结构的多排孔混凝土砖,如图 6.10 所示。

图 6.10　承重混凝土多孔砖

（2）规格、等级

①规格。混凝土多孔砖的外形为长方体,常用砖型的规格尺寸见表 6.9。

表 6.9　混凝土多孔砖的规格　　　　　　单位:mm

长　　度	宽　　度	高　　度
360,290,240,190,140	240,190,115,90	115,90

其他规格尺寸可由供需双方协商确定。采用薄灰缝砌筑的块型,相关尺寸可作相应调整。

②等级。混凝土多孔砖的抗压强度等级分为 MU15,MU20,MU25 共 3 个等级。

（3）原材料

组成混凝土多孔砖的原材料主要有水泥、集料、粉煤灰、粒化高炉矿渣、外加剂、水和其他材料。其中，集料又有粗集料、细集料、轻集料，各种原材料都应符合相应规定。

（4）技术要求

混凝土多孔砖的技术要求有外观质量、尺寸偏差、孔洞率、最小外壁和最小肋厚、强度等级（抗压强度平均值和单块最小值）、最大吸水率、线性干燥收缩率和相对含水率、抗冻性、碳化系数、软化系数、放射性等项目。其各项性能指标应符合《承重混凝土多孔砖》（GB 25779—2010）的相关要求。龄期不足 28 d 的砖不得出厂。

小组讨论

比较烧结普通砖、空心砖、多孔砖与非烧结砖的异同。

6.2 砌 块

问题引入

观察下列图片（图 6.11），你认识并能说出它们的名称吗？

图 6.11　常用的砌块

6.2.1　砌块的定义及分类

砌块是指砌筑用的人造块材，多为直角六面体，也有各种异形的。砌块主规格尺寸中的长度、宽度或高度有一项或一项以上分别大于 365 mm，240 mm 或 115 mm，但高度不大于长度或宽度的 6 倍，长度不超过高度的 3 倍。

砌块有 5 种分类方法：

①按用途分为 $\begin{cases} 承重砌块 \\ 非承重砌块 \end{cases}$

②按孔洞率分为 $\begin{cases} 实心砌块:无孔洞或孔洞率<25\% \\ 多孔砌块:孔洞率≥25\%,孔小但数量多 \\ 空心砌块:孔洞率≥40\%,孔大但数量少 \end{cases}$

③按产品规格分为 $\begin{cases} 大型砌块(高度>980\ mm) \\ 中型砌块(高度为 380～980\ mm) \\ 小型砌块(高度为 115～<380\ mm) \end{cases}$

④按生产工艺分为 $\begin{cases} 烧结砌块 \\ 非烧结砌块 \end{cases}$

⑤按原材料分为黏土砌块、页岩砌块、煤矸石砌块、粉煤灰砌块、淤泥砌块、固体废弃物砌块、混凝土砌块、石膏砌块等。

砌块的外形尺寸比砖大,多采用工业废料作为生产原料,因此其具有大块、轻质、高强、多功能、节能降耗、绿色环保、施工速度快的特点,符合墙体材料改革发展的要求。

6.2.2　常用砌块

目前砌块的种类较多,本节主要介绍几种常用的砌块。

1)蒸压加气混凝土砌块

蒸压加气混凝土是以钙质材料(水泥、石灰等)和硅质材料(矿渣和粉煤灰)为主要原材料,掺加发气剂及其他调节材料,经配料浇注、发气静停、切割、蒸压养护等工艺制成的多孔轻质硅酸盐建筑制品。蒸压加气混凝土中用于墙体砌筑的矩形块材,称为蒸压加气混凝土砌块(图 6.12)。

图 6.12　蒸压加气混凝土砌块

(1)砌块的规格

砌块常用规格尺寸见表 6.10。

表 6.10　蒸压加气混凝土砌块规格　　　　　　　　单位:mm

长度 L	宽度 B			高度 H			
600	100 120 125 150 180 200 240 250 300			200	240	250	300

注:如需要其他规格,可由供需双方协商确定。

(2)砌块等级

①蒸压加气混凝土砌块按抗压强度分为 A1.5,A2.0,A2.5,A3.5,A5.0 共 5 个等级。其中,A1.5 和 A2.0 适用于建筑保温。

②蒸压加气混凝土砌块按干密度分为 B03,B04,B05,B06,B07 共 5 个等级。其中,B03 和

B04 适用于建筑保温。

③蒸压加气混凝土砌块按尺寸偏差分为Ⅰ型和Ⅱ型。Ⅰ型适用于薄灰缝砌筑,Ⅱ型适用于厚灰缝砌筑。

蒸压加气混凝土砌块的外观质量、尺寸偏差、抗压强度、干密度、干缩性、抗冻性、导热性等各项技术性能指标,应符合《蒸压加气混凝土砌块》(GB/T 11968—2020)的相关要求。龄期不足 5 d 的砌块不得出厂。

(3)砌块的特点

蒸压加气混凝土砌块具有干密度小、保温、耐火性好、易加工、抗震性好、施工方便等特点。其缺点是耐水性、耐蚀性较差。

2)粉煤灰混凝土小型空心砌块

以粉煤灰、水泥、集料、水为主要组分(也可加入外加剂等)制成的混凝土小型空心砌块,称为粉煤灰混凝土小型空心砌块(图 6.13)。砌块按孔的排数分为单排孔、双排孔和多排孔三类。砌块主规格尺寸为 390 mm × 190 mm × 190 mm,其他规格尺寸可由供需双方商定。砌块的密度等级分为 600,700,800,900,1 000,1 200 和 1 400 共 7 个等级。砌块按抗压强度分为MU3.5,MU5,MU7.5,MU10,MU15,MU20 共 6 个等级。粉煤灰混凝土小型空心砌块可用于砌筑承重墙和非承重墙。

图 6.13　粉煤灰混凝土小型空心砌块

粉煤灰混凝土小型空心砌块的尺寸偏差、外观质量、密度等级、强度等级、抗冻性、耐水性、抗碳化性等各项技术性能,应符合《粉煤灰混凝土小型空心砌块》(JC/T 862—2008)的相关要求。龄期不足 28 d 的砌块不得出厂。

粉煤灰混凝土小型空心砌块具有强度较高、耐久性较好、与砂浆黏结力好、质轻、保温隔热隔声、节能环保、生产工艺简单、成本低等优点,是一种新型绿色建材。

3)普通混凝土小型砌块

普通混凝土小型砌块是以水泥、矿物掺合料、砂、石、水等为原料,经搅拌、振动成型、养护等工艺制成的小型砌块(图 6.14)。按抗压强度分为承重砌块和非承重砌块,按空心率分为空心砌块(空心率≥25%)和实心砌块(空心率<25%)

普通混凝土小型砌块主规格尺寸为 390 mm × 190 mm × 190 mm,此外还有辅助规格。砌块的强度等级有 MU5.0,MU7.5,MU10,MU15,MU20,MU25,MU30,MU35,MU40 共 9 个等级。

普通混凝土小型砌块的尺寸偏差、外观质量、空心率、外壁和肋厚、强度等级、抗冻性等各项技术性能,应符合《普通混凝土小型砌块》(GB/T 8239—2014)的相关要求。龄期不足 28 d 的砌块不得出厂。

图 6.14　普通混凝土小型砌块

普通混凝土小型砌块适用于一般工业与民用建筑的砌体,尤其适用于多层建筑的承重墙及框架结构的填充墙。

4)轻集料混凝土小型空心砌块

轻集料混凝土是用轻粗集料、轻砂(或普通砂)、水泥和水等原材料配制而成的干表观密度≤1 950 kg/m³ 的混凝土。用轻集料混凝土制成的小型空心砌块,称为轻集料混凝土小型空心砌块。

常用轻集料有:天然轻集料,如浮石及砂;工业废渣轻集料,如煤渣等;人造轻集料,如陶粒及砂等。轻集料混凝土小型空心砌块是综合性能较好的节能墙体材料。其主规格尺寸为 390 mm × 190 mm × 190 mm,其他规格尺寸可由供需双方商定;其密度等级分为 700,800,900,1 000,1 100,1 200,1 300,1 400 共 8 个等级;其强度等级有 MU2.5,MU3.5,MU5.0,MU7.5,MU10 共 5 个等级。

轻集料混凝土小型空心砌块的尺寸偏差、外观质量、密度等级、强度等级、吸水率、抗冻性等各项技术性能,应符合《轻集料混凝土小型空心砌块》(GB/T 15229—2011)的相关要求。龄期不足 28 d 的砌块不得出厂。

轻集料混凝土小型空心砌块主要用于一般工业与民用建筑的承重墙、非承重墙及保温隔热的内外墙体。

5)烧结多孔砌块

烧结多孔砌块是分别以黏土、页岩、煤矸石、粉煤灰等为主要原料,经焙烧而成。其孔洞率大于或等于 33%,孔的尺寸小而数量多。它主要用于建筑物的承重部位。外形一般为长方体,在与砂浆的结合面上应设有增加结合力的粉刷槽和砌筑砂浆槽,如图 6.15 所示。

图 6.15　烧结多孔砌块

烧结多孔砌块的规格尺寸有 490,440,390,340,290,240,190,180,140,115,90 mm。其他规格尺寸由供需双方协商确定。

烧结多孔砌块的外观质量、尺寸偏差、强度等级、密度等级、泛霜、石灰爆裂、抗风化性能等,应符合《烧结多孔砖和多孔砌块》(GB 13544—2011)的相关要求。

6)烧结空心砌块

烧结空心砌块主要有黏土空心砌块、页岩空心砌块、煤矸石空心砌块和粉煤灰空心砌块,分别以黏土、页岩、煤矸石、粉煤灰为主要原料,经焙烧而成,如图 6.16 所示。它主要用于建筑物非承重部位。其规格和技术性能与烧结空心砖相同,均应符合《烧结空心砖和空心砌块》(GB/T 13545—2014)的相关要求。

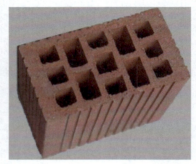

图 6.16 烧结空心砌块

砌块与砌墙砖相比较,各有何特点?

请阅读以下相关国家、行业标准:

《烧结普通砖》(GB/T 5101—2017)

《烧结多孔砖和多孔砌块》(GB 13544—2011)

《烧结空心砖和空心砌块》(GB/T 13545—2014)

《蒸压粉煤灰砖》(JC/T 239—2014)

《混凝土实心砖》(GB/T 21144—2023)

《承重混凝土多孔砖》(GB 25779—2010)

《蒸压加气混凝土砌块》(GB/T 11968—2020)

《轻集料混凝土小型空心砌块》(GB/T 15229—2011)

《粉煤灰混凝土小型空心砌块》(JC/T 862—2008)

《普通混凝土小型砌块》(GB/T 8239—2014)

《砌体结构工程施工规范》(GB 50924—2014)

《砌体结构工程施工质量验收规范》(GB 50203—2011)

6.3 砌筑石材

观察思考

请观察图 6.17 和图 6.18 中的建筑,它们采用的是什么建筑材料?

图 6.17 广州圣心教堂

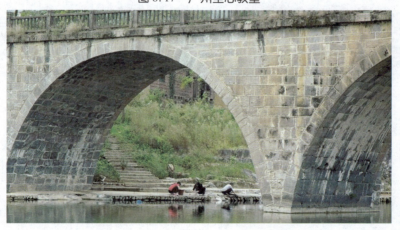

图 6.18 石桥

6.3.1 砌筑石材的定义

砌筑石材是用天然岩石开采后加工制成的具有一定规格形状的用于石砌体的块石,其抗压强度高、耐久性好、价格便宜,但自重大。它主要用于砌筑基础、墙体和造桥。世界上许多的古建筑都是由石材砌筑而成的,不少古石建筑至今仍保存完好,如全国重点保护文物的赵州桥、广州圣心教堂等都是以石材砌筑而成的。

6.3.2 砌筑石材的分类

砌筑石材按加工外形分为毛石和料石。

1)毛石

毛石按其表面形状分为乱毛石和平毛石。乱毛石(图6.19)是形状不规则,没有平行面的石材。平毛石(图6.20)是形状不规则,但大致有两个平行面的石材。毛石主要用于建筑物的基础、勒脚、台阶、挡土墙及毛石混凝土等。

图6.19 乱毛石及其砌体

图6.20 平毛石及其砌体

2)料石

料石是加工成较规则的六面体及有规定尺寸、形状的石材。其截面的宽度、高度不小于200 mm,长度不宜大于厚度的4倍。根据表面加工的平整程度又分为毛料石、粗料石和细料石,主要用于建筑物的基础、勒脚、台阶、墙身、挡土墙、石拱及外部装饰等(图6.21)。

图6.21 料石及其砌体

6.3.3 技术性质与要求

砌筑石材的力学性质除了考虑抗压强度外,根据工程需要,还应考虑它的抗剪强度、冲击韧性等。

砌筑石材的耐久性主要包括抗冻性、抗风化性、耐水性、耐磨性、耐酸性等。

有些石材含有微量放射性元素,对于具有较强放射性的石材应避免用于室内。

1)抗压强度

砌筑石材的抗压强度可用边长为 70 mm 的立方体试块(3 块为一组)进行测定,取其平均值;也可采用边长为 50,100,150,200 mm 的试块,但其试验结果应乘以相应的换算系数,见表 6.11。

表 6.11 石材强度等级的换算系数

立方体边长/mm	200	150	100	70	50
换算系数	1.43	1.28	1.14	1	0.86

石材的强度等级根据其抗压强度分为 MU20,MU30,MU40,MU50,MU60,MU80,MU100 共7 个等级。

砌筑用石材要求材质坚实,无风化剥落层或裂纹,石材表面无污垢、水锈等杂质,一般要求抗压强度等级≥MU30。

2)耐水性

大多数岩石的耐水性较高。但若岩石中含有较多的黏土或易溶于水的物质,那么吸水后就会软化或溶解,使岩石的结构破坏,强度降低。

软化系数是一个评价材料耐水性的指标。在经常与水接触的建筑物中,石材的软化系数一般应为 0.75 ~ 0.90。

$$软化系数 = \frac{饱和水状态的抗压强度}{干燥状态的抗压强度}$$

如果石材干燥时的抗压强度为 48 MPa,吸水饱和后的抗压强度为 42 MPa,则其软化系数 =42/48 =0.875。

6.3.4 条石

条石(图 6.22)是料石中的一种,按加工程度分为毛条石和细条石。它常用于砌筑基础、挡土墙、勒脚、排水沟、路沿等。

图 6.22 条石及其砌体

条石加工还没有相关标准,客户常常采用看样和留样的方式订货。常见的规格尺寸一般为(600~1 000)mm×(200~450)mm×(200~450)mm。

6.4 砌体材料的取样送检

砌体材料进入施工现场后,均应按照国家相关标准和规范的规定进行见证取样送检,质量评定合格后方可使用,以保证建筑工程的质量。

常用砌体材料取样送检的组批规则、检测项目、样品数量、执行标准或规范参见表6.12。

表6.12　常用砌体材料取样送检要求

材料名称	组批规则	检测项目	样品数量	执行标准或规范
烧结普通砖	同一生产厂家,3.5万~15万块为一验收批,不足3.5万块按一批计	外观质量	50块	《烧结普通砖》(GB/T 5101—2017)
		尺寸允许偏差	20块	
		强度等级	10块	
		泛霜	5块	
		石灰爆裂	5块	
烧结多孔砖和多孔砌块	同一生产厂家,3.5万~15万块为一验收批,不足3.5万块按一批计	外观质量	50块	《烧结多孔砖和多孔砌块》(GB 13544—2011)
		尺寸允许偏差	20块	
		强度等级	10块	
		密度等级	3块	
		泛霜	5块	
		石灰爆裂	5块	
烧结空心砖和空心砌块	同一生产厂家,3.5万~15万块为一验收批,不足3.5万块按一批计	外观质量	50块	《烧结空心砖和空心砌块》(GB/T 13545—2014)
		尺寸允许偏差	20块	
		强度等级	10块	
		密度等级	5块	
		泛霜	5块	
		石灰爆裂	5块	
蒸压粉煤灰砖	同一生产厂家、同一批原材料、同一生产工艺、同一规格型号、同一强度等级和同一龄期的每10万块砖为一批,不足10万块按一批计	外观质量	50块	《蒸压粉煤灰砖》(JC/T 239—2014)
		尺寸允许偏差	50块	
		强度等级	20块	
		抗冻性	20块	
		干缩性	3块	

续表

材料名称	组批规则	检测项目	样品数量	执行标准或规范
混凝土实心砖	同一生产厂家、同一种原材料、同一生产工艺、相同质量等级的 10 万块砖为一批,不足 10 万块按一批计	外观质量	50 块	《混凝土实心砖》(GB/T 21144—2023)
		尺寸允许偏差	50 块	
		强度等级	10 块	
		密度等级	3 块	
		抗冻性	10 块	
		干缩性	3 块	
承重混凝土多孔砖	同一生产厂家、同一批原材料、同一生产工艺、同一强度等级和同一龄期的 10 万块砖为一批,不足 10 万块按一批计	外观质量	50 块	《承重混凝土多孔砖》(GB 25779—2010)
		尺寸允许偏差	50 块	
		强度等级	5 块	
		孔洞率	3 块	
		抗冻性	10 块	
蒸压加气混凝土砌块	同一生产厂家、同一品种、同一规格、同一等级的 3 万块为一批,不足 3 万块按一批计	外观质量	50 块	《蒸压加气混凝土砌块》(GB/T 11968—2020)
		尺寸允许偏差	50 块	
		抗压强度	3 块	
		密度等级	3 块	
粉煤灰混凝土小型空心砌块	同一生产厂家、同一种粉煤灰、同一种集料与水泥、同一生产工艺、同一密度等级、同一强度等级的 1 万块为一批,不足 1 万块按一批计	外观质量	32 块	《粉煤灰混凝土小型空心砌块》(JC/T 862—2008)
		尺寸允许偏差	32 块	
		强度等级	5 块	
		密度等级	3 块	
		抗冻性	10 块	
普通混凝土小型砌块	同一厂家、同一原材料、同一生产工艺、同规格、同龄期、同强度等级的 500 m³ 且不超过 3 万块为一批,不足 500 m³ 且不超过 3 万块按一批计	外观质量	32 块	《普通混凝土小型砌块》(GB/T 8239—2014)
		尺寸允许偏差	32 块	
		强度等级	5 块	
		壁肋厚度	3 块	
		空心率	3 块	
		抗冻性	10 块	
轻集料混凝土小型空心砌块	同一厂家、同一品种轻集料和水泥、同一生产工艺、同一密度等级和强度等级的 300 m³ 砌块为一批,不足 300 m³ 按一批计	外观质量	32 块	《轻集料混凝土小型空心砌块》(GB/T 15229—2011)
		尺寸允许偏差	32 块	
		强度等级	5 块	
		密度等级	3 块	
		吸水率	3 块	
		抗冻性	10 块	

学做做

现场抽取砌墙砖(砌块)试样,学习填写材料检测委托(收样)单(表6.13),并进行各项性能检测试验,做好数据记录和结果计算及评定。

表6.13　砌墙砖(砌块)检测委托(收样)单

委托单位填写	工程代码				样品名称		样品规格		
	委托单位				样品等级		样品数量		
	工程名称				代表数量		进场日期	年 月 日	
	使用单位				送样人		联系电话		
					生产单位				
	委托检测项目(检测项目打"√",不检测项目打"×",此行不留空白)	强度	密度	吸水率	尺寸偏差	含水率			
见证单位填写	见证单位	见证人		证书编号	联系电话	备注			
检测单位填写	样品状态	有无见证确认		收样人	收样日期				
					年 月 日				

练习作业

1. 什么叫砌墙砖? 砌墙砖分为哪几类?

2. 烧结普通砖、空心砖、多孔砖各分几个强度等级?

3. 什么叫砌块? 同砌墙砖相比,砌块有何优点?

4.什么是泛霜和石灰爆裂?

5.砌筑石材有哪些种类?其用途是什么?

学习鉴定

1.选择题

(1)可用于砌筑承重保温墙体的材料是( )。
    A.蒸压粉煤灰砖   B.烧结多孔砖   C.烧结空心砖   D.蒸压灰砂砖

(2)烧结普通砖的( )通过泛霜、抗风化性能来综合评定。
    A.强度   B.外观质量   C.耐久性   D.吸水性

(3)烧结普通砖的强度等级由强度平均值和( )来评定。
    A.强度标准值   B.抗折强度值
    C.抗拉强度   D.单块最小抗压强度值

(4)下列不属于过火砖特点的是( )。
    A.强度高   B.耐水性好   C.翘曲变形大   D.孔隙率大

(5)不能用于砌承重墙的材料是( )。
    A.烧结空心砖   B.烧结多孔砖   C.蒸压粉煤灰砖   D.蒸压灰砂砖

2.综合题

(1)什么是砌体?砌体材料有哪几类?

(2)如何鉴别欠火砖和过火砖?

(3)什么是配砖?它有何用途?

(4)烧结普通砖在砌筑前,为什么要先将其浇水湿润?

(5)为什么说砌块是新型墙体材料?

(6)如何评价砌筑石材的耐水性?

 教学评估

教学评估见本书附录。

7 建筑钢材

本章内容简介

钢材概述

钢材的性能

钢材的冷加工

常用建筑钢材

常用建筑钢材的抽样送检

名词解释

本章教学目标

能说出钢材的定义,认识钢材的品种

掌握常用建筑钢材的性能指标

能说出对钢材进行冷加工的目的和方式

能正确选择、使用建筑钢材

能按规定对钢筋进行取样送检

钢和铁有什么区别？观察图7.1所示图片,你能说出它们的名称和用途吗?

图7.1　各种建筑钢材

7.1　钢材概述

7.1.1　定义

将铁矿石在高温炉中熔化后,再用碳还原其中的氧化铁,冶炼而成的含碳量为2.06% ～ 6.67%的铁碳合金称为生铁。生铁中含有较多的碳和其他杂质(如硅、锰、磷、硫等),其性质硬脆,缺乏韧性和塑性。

钢是将生铁在炼钢炉内熔炼,除去其中大部分碳和杂质,使其含碳量控制在2.06%以下的铁碳合金。钢具有较高的强度和较好的韧性、塑性。

钢材是用钢锭加工制成的各种形状(线、管、板、条)的材料。

建筑钢材是指建筑工程中使用的各种钢材(图7.1),包括钢筋混凝土结构用钢和钢结构用钢。钢筋混凝土结构用钢就是各种钢筋、钢丝、钢绞线,钢结构用钢就是各种型钢(如圆钢、扁钢、方钢、角钢、槽钢、工字钢)、钢板、钢管等。

7.1.2 特点

钢材的优点:材质均匀,性能可靠,强度高,具有一定的可塑性、韧性,能承受较大的冲击荷载和振动荷载,可焊接、铆接、螺栓连接,便于装配。因此,钢材的用途非常广泛,是最重要的建筑材料之一。

钢材的缺点:易锈蚀,维护费用大,耐火性差。因此,钢筋混凝土构件中要有足够的混凝土保护层厚度来保护钢筋,钢结构中的型钢构件表面要涂刷防锈漆。

7.1.3 分类

①按化学成分分为碳素钢和合金钢。
②按有害元素(S,P)含量分为普通钢、优质钢、高级优质钢。
③按冶炼时的脱氧程度分为沸腾钢、镇静钢、特殊镇静钢。
④按形状分为线材、型材、板材、管材。
⑤按钢的用途分为结构钢、工具钢、特殊钢。
⑥按塑性分为软钢和硬钢。

7.1.4 用途

结构钢又分为建筑用钢和机械用钢。建筑用钢就是各种建筑钢材(图7.1),主要用于建筑工程中的钢筋混凝土结构(如基础、墙、柱、梁、楼梯、楼板、屋面板等)和钢结构(如工业厂房、大型场馆、高层和超高层建筑等),如图7.2所示。

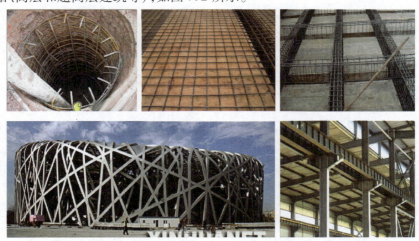

图7.2 用于建筑工程的钢材

工具钢是用以制造各种工具的高、中碳钢和合金钢。

特殊钢是用特殊方法生产的具有特殊物理和化学性能,作特殊用途的钢。

阅读理解

碳素钢是含碳量小于 2.06%,且不含有特意加入的合金元素的钢。碳素钢的性能主要取决于含碳量。含碳量增加,钢的强度、硬度升高,塑性、韧性和可焊性降低。根据含碳量,碳素钢又分为低碳钢、中碳钢和高碳钢。

为改善钢材的某些性能(如强度、塑性、韧性、焊接性能、耐腐蚀性能等),而在钢中加入一种或多种合金元素,并对杂质和有害元素加以控制的钢称为合金钢。钢中的合金元素有硅、锰、钼、镍、铬、矾、钛、铌、硼、铅、稀土等其中的一种或几种。按合金元素含量多少,合金钢又分为低合金钢、中合金钢、高合金钢。

建筑钢材主要采用的是低碳钢(如 HPB300 钢筋)和低合金钢(如 HRB400,HRB500,HRB600 钢筋)。

说说议议

1. 钢和铁有哪些区别?

2. 钢材在建筑工程中有哪些用途?

7.2 钢材的技术性能

7.2.1 拉伸性能

1)钢材的应力-应变曲线

拉伸作用是建筑钢材的主要受力形式,因此抗拉性能是表示钢材性质和选用钢材的最重要指标。

钢材受拉直至破坏经历了 4 个阶段[图 7.3(b)]:弹性阶段、屈服阶段、强化阶段、颈缩阶段。在钢材的应力-应变曲线中存在几个重要的极限。

(1)弹性阶段

弹性阶段即 Oa 段,荷载较小,产生弹性变形,应力与应变成正比。此阶段若卸去荷载,试件将恢复原状。弹性模量 $E(E = \tan \alpha)$ 越大,钢材的刚性(即抵抗弹性变形的能力)就越好。

此阶段的应力极限值称为弹性极限或比例极限,用 R_p 表示。

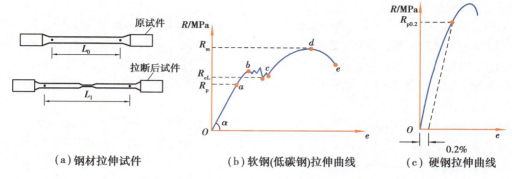

（a）钢材拉伸试件　　　　（b）软钢(低碳钢)拉伸曲线　　　　（c）硬钢拉伸曲线

图 7.3　钢筋受拉应力-应变图

（2）屈服阶段

屈服阶段即 bc 段,钢材失去承载能力而屈服,产生明显塑性变形;荷载不增加,但变形却明显迅速增大;尽管尚未断裂破坏,但因产生较大变形使结构构件已不能满足使用要求。

此阶段的最低应力值称为屈服强度或屈服极限,用 R_{eL} 表示,作为结构设计时强度取值的依据。

$$R_{eL} = \frac{F_{eL}}{S}(F_{eL}——屈服阶段的最低荷载值,N;S——钢材的原始横截面积,mm^2)$$

（3）强化阶段

强化阶段即 cd 段,钢材内部组织发生重组变化,钢材得到强化,又恢复了承载能力。钢材达到最大承载能力时(d 点)的应力值称为极限强度或抗拉强度,用 R_m 表示。

$$R_m = \frac{F_m}{S}(F_m——钢材承受的最大荷载值,N;S——钢材的原始横截面积,mm^2)$$

（4）颈缩阶段

颈缩阶段即 de 段,钢材承载能力迅速降低,塑性变形迅速发展。在试件的某一部位出现"颈缩"(横断面收缩)现象,在 e 点拉断。

断后伸长率 $A = \frac{L_1 - L_0}{L_0} \times 100\%$($L_0$——试件的原始标距,mm;$L_1$——试件拉断后的标距,mm)

2）钢材的主要性能指标

屈服强度 R_{eL} 和抗拉强度 R_m 是衡量钢材强度的两个重要指标,断后伸长率 A 是衡量钢材塑性的重要指标。对于承重结构,其钢材的抗拉强度、伸长率、屈服强度这三项指标必须合格。

（1）屈服强度 R_{eL}

屈服强度也称为屈服点。钢材在静荷载作用下发生明显塑性变形,荷载不增加,变形却迅速增长,钢材出现"屈服"现象,此时的强度值称为屈服强度。

硬钢的拉伸曲线形状与软钢的不同,其屈服现象不明显,因此硬钢的屈服强度常用规定塑性伸长应力 $R_{p0.2}$ 表示,如图 7.3(c)所示;而且硬钢的塑性低、变形小,呈脆性,断裂前没有明显的颈缩现象。

（2）抗拉强度 R_m

钢材被拉断时所能承受的最大荷载所对应的强度值称为抗拉强度(极限强度)。

（3）断后伸长率 A

标距伸长值 ΔL（即 $L_1 - L_0$）与原始标距（L_0）之比的百分率，称为断后伸长率。断后伸长率 A 值越大，则钢材的塑性越好，变形越大。塑性较好的软钢，在断裂之前有很明显的"颈缩"现象，变形大，断口呈毛齿形状，断后伸长率 A 值较大；而呈脆性的硬钢，在断裂之前没有明显的颈缩现象，变形小，断口几乎呈平面形状，断后伸长率 A 值较小。

（4）强屈比

钢材的抗拉强度实测值与屈服强度实测值之比称为强屈比。该指标主要反映使用钢材的安全可靠度和利用率。强屈比越大，表明使用钢材的安全可靠度越高，但利用率越低；反之，则安全可靠度越低，但利用率越高。

 察思考

1. 钢材的强度指标通常用哪两个强度极限表示？
2. 钢材除了要保证足够的强度外，为什么还要具有足够的塑性？
3. 在进行结构设计时，为什么取钢材的屈服强度作为取值依据？

学做做

在教师指导下，在万能试验机上做出钢材的受拉曲线，观察其断口形式并完成实习报告。

提问回答

对照图 7.3，说一说钢材受拉破坏的 4 个阶段的特点。

7.2.2 冷弯性能

冷弯性能是指钢材在常温下承受弯曲变形的能力。钢材在弯曲过程中，受弯部位产生局部不均匀塑性变形，这种变形在一定程度上比断后伸长率更能反映钢材的内部组织状况、内应力及杂质等缺陷。因此，也可以用冷弯的方法来检验钢材的焊接质量。

钢材的冷弯试验如图 7.4 所示，用标准规定的弯芯直径，将钢材弯曲到规定的弯曲角度后，检查受弯部位的拱面及两侧面，若无裂纹、起层、鳞落和断裂为冷弯合格。弯曲角度越大，弯芯直径 d 与钢材直径 a 的比值越小，则冷弯性能越好，钢材质量越好。

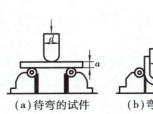
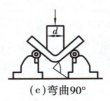

（a）待弯的试件　　（b）弯曲180°　　（c）弯曲90°　　（d）冷弯试验装置

图 7.4　钢材的冷弯试验

观看钢筋的拉伸试验和冷弯试验。

钢筋的拉伸试验和冷弯试验

特 别提示

对于重要结构和弯曲成型的钢材,冷弯必须合格。

7.2.3 冲击韧性

冲击韧性是指钢材抵抗冲击荷载而不破坏的能力。钢材的冲击韧性测试如图 7.5 所示,即将刻槽的标准试件放置在固定支座上,用摆锤冲击试件刻槽的背面,使试件承受冲击而断裂破坏。试件被冲击断裂时缺口处单位面积上所消耗的冲击功(J/cm^2)用 α_k 表示,α_k 越大,钢材的冲击韧性越好。

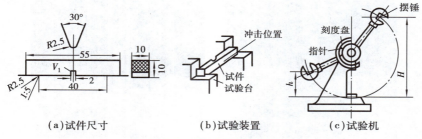

图 7.5 钢材的冲击试验

对于承受冲击、振动荷载的构件(如吊车梁、桥梁等)和有抗震要求的结构用钢材,都应按规范规定检验其冲击韧性。

钢材的冲击韧性受下列因素影响:

①钢材的化学组成与组织状态。钢材中硫、磷含量高时,冲击韧性显著降低。细晶粒结构比粗晶粒结构的冲击韧性要高。

②钢材的轧制、焊接质量。沿轧制方向取样的冲击韧性高;焊接钢件处晶体组织的均匀程度,对冲击韧性影响大。

③环境温度。当温度较高时,冲击韧性较大。当温度降至某一范围时,冲击韧性突然降低很多,钢材断口由韧性断裂状转为脆性断裂状,这种性质称为低温冷脆性。发生低温冷脆性时的温度(范围),称为脆性临界温度(范围)。在严寒地区选用钢材时,还必须对钢材的冷脆性进行评定,此时选用钢材的脆性临界温度应低于环境最低温度。

④时效。随着时间的进展,钢材机械强度提高,而塑性和韧性降低的现象称为时效。在时效作用下,时间越长,韧性降低越多。

7.2.4 可焊性

建筑工程中,无论是钢结构,还是钢筋混凝土结构的钢筋骨架、接头、预埋件等,绝大多数是采用焊接方式连接的,这就要求钢材具有良好的可焊性。

可焊性是指钢材是否适应焊接工艺的性能,即在一定的焊接工艺条件下,在焊缝及附近过热区是否产生裂缝及硬脆倾向,焊接后的力学性能,特别是强度是否有与原钢材相近的性能。

可焊性好的钢材,易于用一般焊接方法和工艺施焊;而可焊性差的钢材,焊接时要采取特殊的焊接工艺才能保证焊接质量。

可焊性好的钢材,焊缝处不易形成裂纹、气孔、夹渣等缺陷,其强度与原钢材接近。钢材的焊接性能可通过焊接接头试件的抗拉试验测定,若断于钢筋母材(图7.6),且抗拉强度不低于钢筋母材的抗拉强度标准值,则该钢筋的焊接性能是合格的。

图 7.6　焊接接头试件的抗拉试验

一般焊接结构用钢应选用含碳量较低的氧气转炉或电炉的镇静钢;对于高碳钢及合金钢,为了改善焊接后的硬脆性,一般应采用焊前预热及焊后热处理等措施。

钢材的焊接
性能试验

观看钢材的焊接性能试验。

提 问回答

1. 为什么要求钢筋具有良好的可焊性?

2. 钢材的可焊性如何鉴定?

7.3　钢材的冷加工

7.3.1　定义

将钢材在常温下采用拉、拔、轧等方式进行的加工称为钢材的冷加工。

经冷加工后的钢材会出现强度、硬度提高,塑性、韧性降低的变化,这种变化称为冷加工强化。

为使冷加工后的钢材的强度显著提高而采取的处理措施称为冷加工时效。

时效处理方式有自然时效和人工时效两种。将冷加工后的钢材在常温下存放 15 ~ 20 d 完成时效,称为自然时效。将冷加工后的钢材加热至 100 ~ 200 ℃并保持 2 h 左右完成时效,称为人工时效。

对钢材进行冷加工的目的是提高钢材强度(特别是屈服强度),节约钢材。

7.3.2　加工方式

常见的机械加工方式有冷拉、冷拔、冷轧,其余加工方式有冷冲、冷压和刻痕。

①冷拉。冷拉是将钢筋拉至其 R-e 曲线的强化阶段内任一点 c 处,然后缓慢卸去荷载的加工方法。

经冷拉时效后的钢材,若再次加载受拉,其屈服强度显著提高 20% ~ 30% ,而塑性、韧性显著降低,如图 7.7(a)所示。

②冷拔。冷拔是将直径为 6 ~ 8 mm 的碳素结构钢 Q235(或 Q215)盘圆条,通过拔丝机中钨合金做成的比钢筋直径小 0.5 ~ 1.0 mm 的冷拔模孔,使钢筋同时经受张拉和挤压而发生塑性变形,拔成比原直径小的钢丝,称为冷拔低碳钢丝,如图 7.7(b)所示。

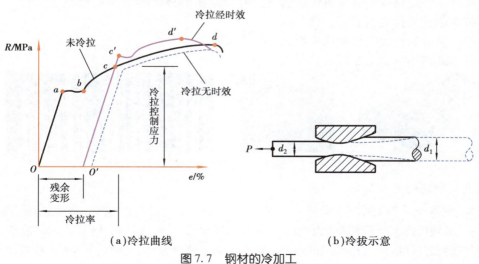

(a)冷拉曲线　　　　　(b)冷拔示意

图 7.7　钢材的冷加工

经过一次或多次冷拔后得到的冷拔低碳钢丝,其屈服点可提高40%~60%,但失去软钢的塑性和韧性而具有硬质钢材的特点。

③冷轧。冷轧是将圆钢在轧钢机上轧成断面形状规则的钢筋,可以提高其强度(屈服强度可提高30%~60%)及与混凝土的黏结力。钢筋在冷轧时,纵向与横向同时产生变形,因而能较好地保持其塑性和内部结构的均匀性。

观察思考

1. 若冷拉后的钢材立即受拉,钢材的屈服点、抗拉强度、韧性、塑性和弹性模量有何变化?
2. 钢材冷加工强化的原因是什么?

小组讨论

建筑钢材在选用时主要考虑哪些因素?

7.4 常用建筑钢材

7.4.1 热轧钢筋

用加热钢坯轧成的条形成品钢筋,称为热轧钢筋。它是建筑工程中用量最大的钢材品种之一,主要用于钢筋混凝土构件的配筋。

1)热轧钢筋的分类

①按交货型式分为直条钢筋、盘卷钢筋(直径 $d \leq 16$ mm 的钢筋准许以盘卷交货)。
②按外形分为光圆钢筋、带肋钢筋。
③按屈服强度特征值分为300级钢筋、400级钢筋、500级钢筋、600级钢筋。
④按功能分为普通钢筋、抗震钢筋。
⑤按工艺分为普通热轧钢筋和细晶粒热轧钢筋。

各种热轧钢筋如图7.8所示。

图7.8 热轧钢筋

2)热轧钢筋的质量要求

根据《混凝土结构工程施工质量验收规范》(GB 50204—2015)的规定,混凝土用钢筋进入施工现场后,必须按国家现行相关标准的规定进行取样检验,并要求其尺寸偏差、重量偏差、力学性能、冷弯性能、焊接性能等符合《钢筋混凝土用钢 第1部分:热轧光圆钢筋》(GB 1499.1—2024)和《钢筋混凝土用钢 第2部分:热轧带肋钢筋》(GB 1499.2—2024)的规定,见表7.1和表7.2。

表 7.1　热轧光圆钢筋的力学性能和冷弯性能

钢筋牌号	力学性能				冷弯性能	
	下屈服强度 R_{eL} /MPa	抗拉强度 R_m /MPa	断后伸长率 A /%	最大力总延伸率 A_{gt} /%	弯曲角度	弯芯直径
HPB300	≥300	≥420	≥25	≥10.0	180°	d

注:H——热轧,P——光圆,B——钢筋。

表 7.2　热轧带肋钢筋的力学性能和冷弯性能

钢筋牌号	力学性能						冷弯性能		
	下屈服强度 R_{eL}/MPa	抗拉强度 R_m/MPa	断后伸长率 A/%	最大力总延伸率 A_{gt}/%	强屈比 R_m°/R_{eL}°	超屈比 R_{eL}°/R_{eL}	公称直径 d /mm	弯曲压头直径	弯曲角度
HRB400 HRBF400	≥400	≥540	≥16	≥7.5	—	—	6 ~25	4d	
							28 ~40	5d	
HRB400E HRBF400E			—	≥9.0	≥1.25	≤1.30	>40 ~50	6d	
HRB500 HRBF500	≥500	≥630	≥15	≥7.5	—	—	6 ~25	6d	180°
							28 ~40	7d	
HRB500E HRBF500E			—	≥9.0	≥1.25	≤1.30	>40 ~50	8d	
HRB600	≥600	≥730	≥14	≥7.5	—	—	6 ~25	6d	
							28 ~40	7d	
							>40 ~50	8d	

注:①H——热轧,R——带肋,B——钢筋,F——细晶粒,E——抗震。R_m° 为钢筋实测抗拉强度,R_{eL}° 为钢筋实测下屈服强度。

②公称直径为 28 ~40 mm 各牌号钢筋的断后伸长率 A 准许降低1%,公称直径大于 40 mm 各牌号钢筋的断后伸长率 A 准许降低2%。

小组讨论

从表 7.1 和表 7.2 中可以看出,随着钢筋强度级别的增大,钢筋的性能有哪些变化?

3)热轧带肋钢筋的标志

只看外形状态是无法准确辨认带肋钢筋的强度等级和直径规格的,因此,各钢筋生产厂家都按标准要求,在每根钢筋的表面每隔一定距离轧制了标志(图7.9),以便于识别。

热轧带肋钢筋标志由钢筋牌号、生产厂家生产许可证编号的后 3 位数字(或厂家商标)、规格直径三部分内容组成。

钢筋牌号中带字母"E"的是抗震性能较好的钢筋,带字母"F"的是细晶粒钢筋,在钢筋表面轧制的标志也是有所区别的。HRB400,HRB500,HRB600 分别以 4,5,6 表示,HRBF400,HRBF500 分别以 C4,C5 表示,HRB400E,HRB500E 分别以 4E,5E 表示,HRBF400E,HRBF500E 分别以 C4E,C5E 表示。

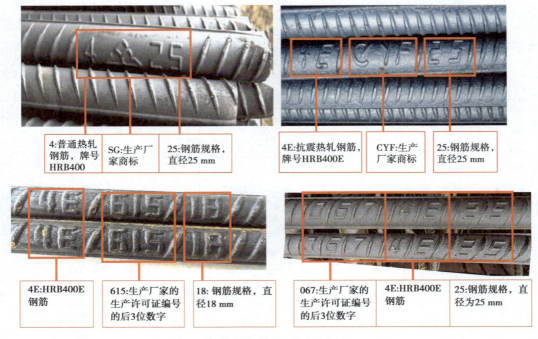

4:普通热轧钢筋，牌号HRB400	SG:生产厂家商标	25:钢筋规格，直径25 mm	4E:抗震热轧钢筋，牌号HRB400E	CYF:生产厂家商标	25:钢筋规格，直径25 mm

4E:HRB400E钢筋	615:生产厂家的生产许可证编号的后3位数字	18:钢筋规格，直径18 mm	067:生产厂家的生产许可证编号的后3位数字	4E:HRB400E钢筋	25:钢筋规格，直径为25 mm

钢筋生产厂家商标示例

序　号	厂　　家	商　标	序　号	厂　　家	商　标
1	首钢	S	7	安阳	AY
2	唐钢	T	8	邯钢	HG
3	鞍钢	A	9	昆钢	KG
4	渝西	YX	10	武钢	WG
5	川威	CW	11	达钢	DG
6	通化	TH	12	湘钢	XG

图 7.9　热轧带肋钢筋的标志

4）热轧钢筋的应用

①热轧光圆钢筋的规格直径有 6,8,10,12,14,16,18,20,22,25 mm 共 10 种,其强度低、塑性好,宜用作普通钢筋混凝土结构的受力筋和箍筋。

②热轧带肋钢筋的规格直径有 6,8,10,12,14,16,18,20,22,25,28,32,36,40,50 mm 共 15 种,其强度较高、塑性较好,可用作普通钢筋混凝土结构的受力筋和预应力钢筋混凝土的预应力筋。

③钢筋牌号中带"E"的抗震钢筋用于按一、二、三级抗震等级设计的钢筋混凝土框架(框架梁、框架柱、框支梁、框支柱及板柱-抗震墙的柱等)和斜撑构件(伸臂桁架的斜撑、楼梯的梯段等),并要求其强屈比≥1.25,超屈比≤1.30。

察思考

观察表 7.2,什么是钢筋的强屈比和超屈比? 它们分别有何意义?

7.4.2　冷轧带肋钢筋

冷轧带肋钢筋是以热轧圆盘条为母材,经冷轧后,在其表面沿长度方向均匀分布有横肋的钢筋(图7.10)。它具有较高的强度和较大的断后伸长率,且与混凝土的黏结锚固性好。

图 7.10　冷轧带肋钢筋

冷轧带肋钢筋进入施工现场后,也必须进行抽样检测,要求其力学性能和工艺性能必须符合《冷轧带肋钢筋》(GB 13788—2024)的规定,见表 7.3 和表 7.4。

表 7.3　冷轧带肋钢筋的力学性能和工艺性能

分类	牌　号	规定塑性延伸强度 $R_{p0.2}$ /MPa ≥	抗拉强度 R_m /MPa ≥	$\dfrac{R_m}{R_{p0.2}}$ ≥	断后伸长率 A /% ≥		最大力总延伸率 A_{gt} /% ≥	弯曲试验 D—弯曲压头直径 d—钢筋公称直径	反复弯曲次数	应力松弛 /% ≤
					A	$A_{100\,mm}$	A_{gt}			1 000 h
普通钢筋混凝土用	CRB550	500	550	1.05	12.0	—	2.5	180° $D=3d$	—	—
	CRB600H	540	600	1.05	14.0	—	5.0	180° $D=3d$	—	—
预应力混凝土用	CRB650	585	650	1.05	—	4.0	4.0		3	8
	CRB800	720	800	1.05	—	4.0	4.0		3	8
	CRB800H	720	800	1.05	—	7.0	4.0		4	5

注:C——冷轧,R——带肋,B——钢筋,H——高延性。

表7.4　反复弯曲试验的弯曲半径　　　　　　　　单位:mm

钢筋公称直径	4	5	6
弯曲半径	10	15	15

CRB550,CRB600H 为普通钢筋混凝土用钢筋;CRB650,CRB800,CRB800H 为预应力混凝土用钢筋。

CRB550 钢筋的公称直径范围为 4~12 mm;CRB600H 钢筋的公称直径范围为 4~16 mm;CRB650,CRB800,CRB800H 钢筋的公称直径范围为 4,5,6 mm。

冷轧带肋钢筋有直条、盘卷两种交货型式。盘卷钢筋的质量不小于500 kg,每盘应由一根钢筋组成。交货的钢筋表面不应有裂纹、折叠、结疤、油污、机械损伤,准许有浮锈,但不应有锈皮及目视可见的麻坑腐蚀现象。CRB650,CRB800,CRB800H不应有焊接接头。

冷轧带肋钢筋可用于没有振动荷载和重复荷载的工业与民用建筑及一般构筑物的钢筋混凝土结构。它不宜在温度低于 − 30 ℃时使用。

7.4.3 钢丝和钢绞线

1)钢丝

钢丝(图7.11)是用热轧盘条经冷加工制成的钢材产品,是线材中直径较小的品种(公称直径4~12 mm)。常见的钢丝有光圆钢丝、螺旋肋钢丝、刻痕钢丝等。

图7.11 钢丝

由于钢丝具有质量稳定、安全可靠、强度高(抗拉强度高达1 500 MPa以上)、无接头(每盘钢丝由1根组成,每盘质量不小于1 000 kg)、施工方便等特点,因此主要用于大跨度的屋架、薄腹梁、吊车梁或桥梁等大型预应力混凝土构件,还可用于轨枕、压力管道等预应力混凝土构件。

预应力混凝土用的各种钢丝的尺寸偏差、重量偏差、力学性能、工艺性能等各项技术指标均应符合《预应力混凝土用钢丝》(GB/T 5223—2014)的相关要求。

2)钢绞线

钢绞线(图7.12)是由多根钢丝绞合构成的钢材制品。其按照用途分为预应力混凝土用钢绞线、电力用钢绞线及不锈钢钢绞线。其中,预应力混凝土用钢绞线是由2,3,7或19根高强度钢丝构成的绞合钢缆,最常用的是7根结构。

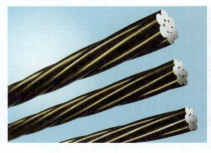 

图7.12 钢绞线

钢绞线具有质量稳定、安全可靠、强度高、韧性好、易于锚固等特点,因此主要用于大荷载、大跨度的屋架、薄腹梁、吊车梁或桥梁等大型预应力混凝土构件。

预应力混凝土用钢绞线的尺寸偏差、重量偏差、力学性能、工艺性能等各项技术指标均应符合《预应力混凝土用钢绞线》(GB/T 5224—2023)的相关要求。

阅读理解

钢材的选用一般应遵循以下原则:

①荷载性质。对于经常承受动力或振动荷载的结构,容易产生应力集中,从而引起疲劳破坏,需要选用材质高的钢材。

②使用温度。对于经常处于低温状态的结构,钢材容易发生冷脆断裂,特别是焊接结构更甚,因此要求钢材具有良好的塑性和低温冲击韧性。

③连接方式。对于焊接结构,当温度变化和受力性质改变时,焊缝附近的母体金属容易出现冷、热裂纹,促使结构早期破坏。因此,焊接结构对钢材化学成分和机械性能的要求较严格。

④钢材厚度。钢材力学性能一般随厚度增大而降低,钢材经多次轧制后,其内部结晶组织更为紧密,强度更高,质量更好,故一般结构用的钢材其厚度不宜超过40 mm。

⑤结构重要性。选择钢材要考虑结构使用的重要性,如大跨度结构、重要的建筑物结构,须相应选用质量更好的钢材。

练习作业

1. 钢筋混凝土结构中常用的钢筋有哪几种?各有何特点?分别适用于何处?

2. 请说出 HPB300,HRB400,CRB550 的含义。

7.5 钢材的取样送检

问题引入

请说一说钢材取样送检的重要性。

7.5.1 进场钢筋的验收

钢材进场后应按相关规定检查验收钢筋的包装、标志、标牌、生产许可证、质量合格证和出厂检验报告等出厂质量证明文件,并依据有关标准和规范的要求进行见证取样送检,检测其力学性能、工艺性能、尺寸偏差和重量偏差等项目指标,检测结果必须满足质量标准要求后方可使用,以确保工程质量。

特别提示

● 进口钢材,由供应部门及时把商检报告复印件(包括机械性能和化学成分的试验报告单)交付使用单位。使用前,重做钢材的机械性能试验。如果焊接,还要加做焊接性能试验。

● 钢材在加工过程中如发生脆断、焊接性能不良或机械性能显著不正常时,应及时向上级技术负责人报告,并按规范要求取样做化学分析或焊接试验,并停止使用该批钢材。

7.5.2　取样方法

根据进场钢筋的批次和数量,按照检验规则来确定进场钢筋的取样数量(组数、根数)和试件长度。常用建筑钢筋的组批规则、检测项目、取样数量、试件长度、取样方法及执行标准见表7.5。

表7.5　常用建筑钢筋的取样送检要求

钢材品种	组批规则	检测项目	样品数量	取样方法	执行标准或规范
热轧光圆钢筋	同一厂家、同一炉罐号、同一牌号、同一规格、同一交货状态的钢筋,每批钢筋质量≤60 t。超过60 t的部分,每增加40 t(或不足40 t),增加一根拉伸试件和一根弯曲试件	拉伸性能	2根	不同根(盘)钢筋上,距端头500 mm处截取	GB 1499.1—2024
		弯曲性能	2根		
		重量偏差	5根	不同根(盘)钢筋上截取	
热轧带肋钢筋		拉伸性能	2根	不同根(盘)钢筋上,距端头500 mm处截取	GB 1499.2—2024
		弯曲性能	2根		
		重量偏差	5根	不同根(盘)钢筋上截取	
冷轧带肋钢筋	同一厂家、同一牌号、同一生产工艺、同一外形、同一规格、同一交货状态的钢筋,每批钢筋质量≤60 t	拉伸性能	1根	任意根(盘)中随机截取	GB 13788—2024
		弯曲性能	2根		
		重量偏差	2根		

注:表中钢筋试件长度规定为拉伸试件≥500 mm,弯曲试件≥5d + 150 mm,重量偏差试件≥500 mm。

7.5.3　结果评定

1)拉伸试验评定

①屈服点、抗拉强度、断后伸长率均应符合相应标准中规定的指标,见表7.1—表7.3。

②若拉伸试验的两根试件的屈服点、抗拉强度、断后伸长率3个指标中有一个指标不符合标准时,即为拉伸试验不合格,应取双倍试件重新测定;在第二次拉伸试验中,如仍有一个指标不符合规定,不论这个指标在第一次试验中是否合格,拉伸试验项目定为不合格,表示该批钢筋为不合格品。

③试验出现下列情况之一者,试验结果无效。

- 试件断在标距外或断在机械刻划的标距标记上,而且断后伸长率小于规定值。
- 操作不当,影响试验结果。
- 试验记录有误或设备发生故障。

2)弯曲试验评定

冷弯试验后弯曲外侧表面如无裂纹、断裂或起层,即判为合格。做冷弯试验的两根试件中,如有一根试件不合格,可取双倍数量试件重新做冷弯试验;第二次冷弯试验中,如仍有一根不合格,即判该批钢筋为不合格。

3)钢筋的重量偏差检测结果评定

钢筋的重量偏差检测结果不合格不允许复检。钢筋的重量允许偏差见表7.6。

表7.6　钢筋的重量允许偏差

钢筋品种	公称直径/mm	重量允许偏差/%
热轧光圆钢筋	6～12	±5.5
	14～20	±4.5
	22～25	±3.5
热轧带肋钢筋	6～12	±5.5
	14～20	±4.5
	22～50	±3.5
冷轧带肋钢筋	4～16	±4

注:重量偏差 $= \dfrac{\text{试件实际总重量} - \text{试件总长度} \times \text{理论单位重量}}{\text{试件总长度} \times \text{理论单位重量}} \times 100\%$

阅读理解

钢材是一种性能良好的建筑材料,在各类建筑中均有广泛应用。但是,如果选材、使用、保护不当,也会发生如下质量问题:

①力学性能不合格。在钢筋混凝土工程中,所用钢筋的材质证明与材料不配套,进场钢筋不按照施工规范的规定进行取样检验后再使用,从而使不合格的钢筋被用到工程上。如某宿舍工程使用的钢筋,根据材料仓库提供的材质证明,其屈服强度、极限强度、断后伸长率等指标均合格,施工人员未进行取样送检就直接用于工程。事后经过复验发现,有30%左右试件的极限强度达不到标准要求,而且屈服强度与极限强度比较接近,屈强比过大,是典型的不合格钢筋,最后只好采用加固补强措施。

②钢材出现裂缝。钢材出现裂缝,不仅有材质本身的问题,而且还有加工质量的问题。如某构件预制厂购买了一批冷拉钢筋,在加工时发现钢筋弯钩附近有横向裂缝;取样做拉伸试验时,又发现在试件的全长出现横向环状裂缝,裂缝的间距为5 mm。施工规范明确规定有冷弯裂缝的钢筋不予验收,出现裂缝的钢筋不能使用。

③钢材冷弯性能或焊接性能不合格而发生脆断。钢材发生脆断的原因,既有材质的问题

(如钢材中碳、硫、磷含量过高),也有施工不当的问题(如焊接质量低劣)。工程实践证明,使用低质钢和沸腾钢,很容易发生钢材的脆断。

学做做

1. 填写"钢筋原材料(焊接、机械连接)检测委托(收样)单",见表7.7。

表7.7　钢筋原材料(焊接、机械连接)检测委托(收样)单

	工程代码			样品名称		规　格	
委托单位填写	委托单位			样品数量		代表数量	
	工程名称			出厂编号		进场日期	年 月 日
	使用部位			生产单位		焊接(连接)方式	
	送样人			联系电话		设计接头等级	
	委托检测项目(检测项目打"√"不检测项目打"×"此行不留空白)	屈服强度	抗拉强度	伸长率	冷弯	反复弯曲	重量偏差
见证单位填写	见证单位		见证人	证书编号	联系电话	钢筋标识:	
检测单位填写	试样状况		有无见证确认	收样人	收样日期	备注	
					年 月 日		

2. 根据某实验室出具的某钢筋试样的检测报告(表7.8),请判定该钢筋的质量,并填写在结论栏内。

表7.8　钢筋力学性能检测报告

委托单位:×××建筑公司　　　　　　　工程名称:××××住宅
送样日期:2024年10月22日　　　　　　报告日期:2024年10月25日
检测依据:GB/T 232—2024　　　 GB/T 228.1—2021　　　 GB 1499.2—2024

使用部位	品　种	规格/mm	试件编号	屈服强度/MPa		极限强度/MPa		断后伸长率/%		冷弯结果	反复弯曲/次	结论
				规定值	实测值	规定值	实测值	规定值	实测值			
基础	HRB400	12	1	≥400	480	≥540	610	≥16	25	合格	—	
			2		490		620		22		—	
	以下空白											
备注	见证人:×××　　　　证书号:××××××						钢筋标识			4CW12		

批准人:×××　　　　校核:×××　　　　检测:×××

××××建设工程质量检测所

3. 根据某实验室出具的钢筋焊接试件检测报告(表7.9),请判别该组焊接试件是否合格?

表7.9 钢筋焊接性能检测报告

委托单位:×××建筑公司　　　　　　　工程名称:××××住宅楼
送样日期:2024年10月22日　　　　　　报告日期:2024年10月25日
检测依据:JGJ 18—2012　　　　　　　　报告编号:

| 使用部位 | 焊接方式 | 品种 | 试件直径/mm | 试件编号 | 抗拉强度/MPa | | 断裂处情况 | | 结论 |
					规定值	实测值	位置	性质	
基础	双面搭接焊	HRB400	12	1	≥540	595	焊缝外	塑性断裂	
				2		605	焊缝外	塑性断裂	
				3		620	焊缝外	塑性断裂	
	以下空白								
钢筋标志	无			备注	见证人:×××　见证编号:××××××				

批准人:×××　　　　校核:×××　　　　检测:×××

××××建设工程质量检测所

练习作业

1. 高碳钢和低碳钢拉伸断裂的断口有何区别?

2. 如何对进场钢材进行取样? 检测结果如何评定?

活动建议

1. 组织学生参观钢材生产企业,了解钢材的品种、规格及生产工艺。

2. 组织学生参观质检站的钢筋现场检测。

3. 组织学生参观某建筑工地,考察民用房屋建筑钢筋的使用,并完成下列考察报告。

建筑部位	钢筋用途	钢筋品种及强度等级	钢筋加工方式

4. 组织学生观看钢筋拉伸检测试验过程的录像,或组织学生进行实物检测试验操作,做好数据记录和结果计算及评定,讨论钢筋的性能对钢筋工程质量的重要性。

请阅读以下有关钢筋混凝土用钢筋的国家标准:

《钢筋混凝土用钢筋　第1部分:热轧光圆钢筋》(GB 1499.1—2024)

《钢筋混凝土用钢　第2部分:热轧带肋钢筋》(GB 1499.2—2024)

《冷轧带肋钢筋》(GB 13788—2024)

《金属材料　拉伸试验　第1部分:室温试验方法》(GB/T 228.1—2021)

《预应力混凝土用钢丝》(GB/T 5223—2014)

《预应力混凝土用钢绞线》(GB/T 5224—2023)

《金属材料　弯曲试验方法》(GB/T 232—2024)

1. 名词解释

(1)钢材冷加工——

(2)冷轧——

(3)钢材冲击韧性——

2. 判断题

（1）冷弯是冷处理的一种,可以提高钢筋的强度。 　　　　　　　　　（　　）

（2）在所有钢材中碳含量越低越好。 　　　　　　　　　　　　　　（　　）

（3）建筑钢材如钢筋在常温下进行冷拉,提高屈服强度,相应降低了塑性和韧性。（　　）

（4）做冷弯试验的两根试件中,如有一根试件不合格,即判该批钢筋为不合格。 　（　　）

（5）按力学性能,热轧钢筋可分为3级。 　　　　　　　　　　　　　（　　）

3. 填空题

（1）钢按化学成分可分为_____、_____。

（2）钢筋的_____检测结果不合格不允许复检。

（3）热轧带肋钢筋标志中带大写字母"E"的是_____较好的钢筋。

（4）钢材的冷加工,常见的机械加工方式有_____、_____、_____,其余加工方式有_____、_____和_____。

（5）钢筋进场后要进行见证取样送检,检测内容包括_____、_____、_____和_____等项目指标。

4. 简答题

（1）钢材的特点是什么?

（2）铸铁为什么不可以直接用于重要构件?

（3）什么是钢材的"强屈比"? 它有何意义?

（4）钢材受拉直至破坏经历了哪4个阶段？

（5）直径为16 mm的钢筋,断前标距为80 mm,断后标距为96 mm,其断后伸长率为多少？试说明断后伸长率表示钢材的什么性质？若测得屈服荷载为90 kN、极限荷载为116 kN,求其屈服强度和极限强度分别是多少？

（6）常用的建筑钢材有哪些品种？各有何特点和用途？

（7）钢材的冷加工与冷弯有何区别？

教学评估

教学评估见本书附录。

8 其他建筑材料

本章内容简介

防水、装饰材料概述

防水、装饰材料的性能

防水、装饰材料的选用

保温、吸声材料及建筑塑料的类别及用途

本章教学目标

能说出防水、装饰材料的定义，了解它们的分类

认识保温、吸声材料及建筑塑料的种类及用途

名词解释

8.1　防水材料

题引入

大家想想,建筑物的哪些部位需要防水? 主要有哪些防水材料?

8.1.1　防水材料概述

1)防水材料的定义

防水材料是指能防水、防潮、防漏、防渗,避免水和盐分对建筑材料的侵蚀,保护建筑构件的材料。

2)防水材料的种类

防水材料依据其外观形态,一般分为沥青、防水卷材、防水涂料、密封材料,如图 8.1 所示;依据原料,分为沥青防水材料、高聚物改性沥青防水材料、合成高分子防水材料。

(a)沥青　　　　　(b)防水卷材　　　　　(c)密封膏

图 8.1　防水材料

8.1.2　沥青

沥青是一种有机胶凝材料,呈褐色或黑褐色,常温下呈固态、半固态、黏性液态。沥青按来源通常分为石油沥青和煤沥青。

1)石油沥青

石油沥青是石油原油(或石油衍生物)分馏出汽油、煤油、柴油及润滑油后的残留物,再经过氧化处理而得到的产品。石油沥青按用途分为建筑石油沥青和道路石油沥青。

①主要成分:油分、树脂及沥青质。油分使沥青具有流动性,树脂使沥青具有黏性和塑性,沥青质影响沥青的温度敏感性和黏性。

②技术性能:黏性、塑性、温度敏感性和大气稳定性,是评价石油沥青质量的重要指标。

③牌号划分:按针入度、延度和软化点等性能指标,建筑石油沥青划分为 10 号、30 号、40 号共 3 个牌号。

④特点:具有较好的黏性、塑性和耐久性,不透水、不导电,施工工艺简单,原材料丰富、价格低。

⑤应用:建筑石油沥青多用于屋面和地下防水、防腐等,也用于制作油毡、油纸、防水涂料及胶黏剂等。道路石油沥青主要用来拌制沥青混凝土或沥青砂浆,用于道路路面或车间地面工程(图8.2)。

图8.2　沥青的应用

⑥相关标准及质量鉴别:建筑石油沥青的针入度、延度、软化点和闪点等指标必须符合《建筑石油沥青》(GB/T 494—2010)的相关规定。

阅读理解

沥青的黏性是指沥青在外力作用下抵抗相对流动的性能,用"针入度"来衡量。针入度是指在25 ℃的条件下,以质量100 g的标准针经5 s沉入沥青中的深度(0.1 mm称1度)。针入度越大,说明沥青的流动性越大,黏性越差。

沥青的塑性是指沥青在外力作用下产生变形而不破坏的能力。沥青之所以被称为柔性防水材料,很大程度上取决于这个性质。沥青的塑性用"延度"来衡量。延度是指将沥青制成"8"字形标准试件,试件中间最窄处的断面积为1 cm^3,在25 ℃和5 cm/min的速度条件下进行拉伸,试件拉断时的长度伸长值(cm)。延度越大,说明沥青的塑性越好。

沥青的温度敏感性是指沥青的黏性和塑性随温度的升降而变化的性能,用"软化点"来衡量。软化点是指沥青由固体状态转变为具有一定流动性的膏体状态时的温度。因此,软化点也能说明沥青的耐热性能。软化点越高,说明沥青的耐热性越好,高温下不易受热流淌,但耐寒性越差,低温下易于变硬变脆、易开裂。

沥青的大气稳定性是指沥青在热、阳光、氧气和潮湿等因素长期综合作用下抵抗老化的性能,它反映沥青的耐久性,用"质量蒸发损失百分率"和"蒸发前后针入度比"来衡量。若蒸发损失率越小,针入度比越大,则说明沥青的大气稳定性越好。

针入度、延伸度和软化点这3个指标是决定沥青牌号的主要依据。此外,沥青加热后,产生易燃气体,与空气混合后,遇火即发生闪火观象。开始出现闪火时的温度,称为闪火点,这是在加热沥青时,为了防火而需要掌握的指标。

由于传统的沥青具有高温易流淌、低温易脆裂的缺点,所以采取措施对沥青进行改性,得到了性能更好的改性沥青。改性沥青就是在沥青中掺加改性剂(如橡胶、树脂、高分子聚合物、磨细的橡胶粉或其他填充料等),或对沥青采取轻度氧化加工等措施,使沥青或沥青混合料的性能得以改善而制成的沥青结合料。改性沥青的黏结力、塑性、耐候性、耐久性等均优于传统沥青。

特 别提示

- 石油沥青一般用于屋面及地下防水、沟槽防水、防腐蚀及管道防腐等工程。
- 石油沥青是易燃物,其储存稳定性较差。

2)煤沥青

煤沥青是炼焦或制造煤气时的副产品。

①主要成分:油分、软树脂、硬树脂、游离碳和少量酸、碱物质等。

②技术性能:黏性、塑性、温度敏感性和大气稳定性。

③牌号划分:按软化点指标,划分为1号和2号共两个牌号。

④特点:防腐蚀能力较好,与矿物材料的黏结较好,但化学稳定性、大气稳定性、温度稳定性差,因此其防水性不及石油沥青。

⑤应用:一般用于地下防水、防腐工程。

⑥相关标准及质量鉴别:煤沥青软化点及甲苯不溶物等性能必须符合《煤沥青》(GB/T 2290—2012)的相关规定。

3)煤沥青和石油沥青的简易鉴别方法(表8.1)

表8.1 煤沥青和石油沥青的简易鉴别方法

鉴别方法	煤沥青	石油沥青
密度法	约 1.25 g/cm³	接近 1.0 g/cm³
锤击法	韧性差(性脆),声音清脆	韧性较好,有弹性感,声哑
燃烧法	烟呈黄色,有刺激性臭味	烟无色,无刺激性臭味
溶液比色法	用 30~50 倍汽油或煤油溶化,用玻璃棒蘸一点滴于滤纸上,斑点内棕外黑	按左边的方法试验,斑点呈棕色

特 别提示

- 按蒸馏程度不同,煤沥青分为低温煤沥青、中温煤沥青、高温煤沥青3种,建筑上多采用低温煤沥青。
- 煤沥青中的酚易溶于水,故其防水性不及石油沥青。
- 煤沥青中含有酚、蒽等有毒物质,防腐蚀能力较好,适用于木材的防腐处理,但同时对人体有害,使用时应注意。
- 煤沥青和石油沥青不能混合使用,它们的制品也不能相互粘贴或直接接触,否则易发生分层、成团,失去胶凝性,造成无法使用或防水效果降低。

说 说议议

依据外观形态,防水材料一般分为哪几类?

练习作业

1. 如何评价石油沥青的温度敏感性?

2. 如何鉴别石油沥青与煤沥青?

3. 煤沥青的防水性为什么比石油沥青差?

4. 石油沥青牌号划分的主要依据是什么?

8.1.3　防水卷材

防水卷材是一种可卷曲的片状防水材料。防水卷材按组成材料通常分为沥青防水卷材、高聚物改性沥青防水卷材和合成高分子防水卷材,如图8.3所示。后两类卷材的综合性能优越,是目前大力推广使用的新型防水卷材。

图8.3　防水卷材

1) 沥青防水卷材

以原纸、纤维织物及纤维毡等作为胎体,再浸渍沥青,表面撒布粉状、粒状或片状材料为防粘隔离层而制成的防水卷材,统称为沥青防水卷材。常用的沥青防水卷材的特点及适用范围见表8.2。

表 8.2　沥青防水卷材的特点及适用范围

卷材名称	特　点	适用范围	施工工艺
玻璃布沥青油毡	抗拉强度高、胎体不易腐烂,材料柔韧性好,耐久性比纸胎油毡提高 1 倍以上	多用作纸胎油毡的增强附加层和突出部位的防水层	热玛蹄脂、冷玛蹄脂粘贴施工
玻纤毡沥青油毡	有良好的耐水性、耐腐蚀性和耐久性,柔韧性也优于纸胎沥青油毡	常用作屋面或地下防水工程	热玛蹄脂、冷玛蹄脂粘贴施工
黄麻胎沥青油毡	抗拉强度高,耐水性好,但胎体材料易腐烂	常用作屋面增强附加层	热玛蹄脂、冷玛蹄脂粘贴施工
铝箔胎沥青油毡	有很高的阻隔蒸汽的渗透能力,防水性能好,且具有一定的抗拉强度	与带孔玻纤毡配合或单独使用,宜用于隔汽层	热玛蹄脂粘贴

2)高聚物改性沥青防水卷材

高聚物改性沥青防水卷材是以纤维织物或纤维毡为胎体,以合成高分子聚合物改性沥青为涂盖层,以粉状、粒状、片状或薄膜材料为防粘隔离层而制成的防水卷材。此类防水卷材克服了沥青防水卷材温度稳定性差、延伸率小的缺点,具有高温不流淌、低温不脆裂、拉伸强度高、延伸率大等优良性能,因此得到了广泛使用。常用的高聚物改性沥青防水卷材的类别、特点及适用范围见表 8.3。

表 8.3　高聚物改性沥青防水卷材的特点及适用范围

种　类	特　点	适用范围
SBS 改性沥青防水卷材	尺寸稳定性好,但拉力和延伸率低。具有良好的耐高温和耐低温性能,优良的耐水性、耐老化性和耐久性,耐酸、碱及微生物腐蚀	保温建筑屋面和不保温建筑屋面、屋顶花园、卫生间、桥梁、停车场、游泳池等建筑工程防水,尤其适用于较低气温环境和结构变形复杂的建筑防水工程
APP 改性沥青防水卷材	对于静态和动态撞击以及撕裂具有较强的抵抗能力,耐老化性及美观性良好	新建、改造工程,腐植质土下、碎石下和地下墙防水等。屋面和地下防水工程,以及道路、桥梁建筑的防水工程,尤其适用于较高气温环境和高温地区建筑工程防水

3)合成高分子防水卷材

合成高分子防水卷材是以合成橡胶、合成树脂或两者的共混体为基料,加入适量的助剂和填充料等,经过特定工序制成的防水卷材。此类防水卷材具有拉伸强度和抗撕裂强度高、延伸率大、耐高温和耐低温性好、耐腐蚀和耐老化性好等一系列优异性能,是一种新型高档防水卷材。此类防水卷材主要用于防水要求高、耐久年限长的防水工程。常见的合成高分子防水卷材的类别、特点及适用范围见表 8.4。

表8.4 合成高分子防水卷材的特点及适用范围

种 类	特 点	适用范围
三元乙丙橡胶防水卷材	良好的耐老化性和耐化学性,优异的耐绝缘性能,拉伸强度高,优异的耐低温和耐高温性能及施工方便	屋面的单层外露防水层,是重要防水工程的首选材料。尤其适用于受振动、易变形建筑工程防水,如体育馆、火车站、港口、机场等。 各种地下工程的防水工程,以及蓄水池、污水处理池、电站、水库、水渠等防水工程
聚氯乙烯防水卷材	拉伸强度高,热尺寸变化率低。抗撕裂强度高,低温柔性好。耐渗透,耐化学腐蚀和耐老化。可焊接性好。施工操作简便、安全、清洁、快速	各种工业、民用新建或翻修建筑物、构筑物屋面外露或保护层的工程防水,以及地下室、隧道、水库、水池、堤坝等工程防水

特别提示

普通沥青防水卷材具有原材料广、价格低、施工技术成熟的优点;而合成高分子防水卷材性能最好,但会提高工程成本,因此应根据防水等级要求设防和选择防水材料。

阅读理解

沥青含有低分子的油类和天然高分子化合物。在沥青中掺入的高分子聚合物,必须与沥青有较好的相容性,当温度上升时沥青才能有一定的机械强度,在低温下又具有弹性和塑性,以弥补黏结性差的不足。

说说议议

为什么改性石油沥青防水卷材的性能较好?

8.1.4 防水涂料

防水涂料是在常温下将呈黏稠液状的物质涂布在基体表面,经溶剂或水分挥发,或各组分间的化学变化,形成具有一定弹性的连续薄膜,使基层表面与水隔绝,并能抵抗一定的水压力,从而起到防水和防潮作用的物料。

防水涂料具有良好的黏结性、渗透性、温度适应性,防水效果好,施工简单,造价低等优点,常用于地下室、卫生间、浴室、贮水池、粮库、屋顶、外墙等的防水。防水涂料采用桶装,如图8.4所示。

常用的防水涂料主要有以下几种:

1)沥青基防水涂料

沥青基防水涂料的成膜物质是石油沥青,一般分为溶剂型和水乳型两种。

①溶剂型沥青涂料:将石油沥青直接溶解于汽油等有机溶剂后制得的溶液(如冷底子

油)。沥青溶液渗透性强,施工后形成的涂膜很薄,一般不单独作防水涂料使用,只作沥青类油毡施工时的基层处理剂。

图8.4　防水涂料

②水乳型沥青防水涂料:将石油沥青分散于水中形成的水分散体,主要用于地下室和卫生间的防水。

2)高聚物改性沥青防水涂料

高聚物改性沥青防水涂料一般是用再生橡胶、合成橡胶或SBS等对沥青进行改性而制成的水乳型或溶剂型防水涂料,如氯丁橡胶沥青防水涂料。

3)合成高分子防水涂料

合成高分子防水涂料是以合成橡胶或合成树脂为主要成膜物质,加入其他辅料配制而成的单组分或多组分防水涂料。它比沥青基防水涂料和改性沥青防水涂料具有更好的弹性、塑性、耐久性和耐高低温性,如聚氨酯防水涂料。

4)JS复合防水涂料

JS复合防水涂料是由有机液料和无机粉料复合而成的新型防水涂料。它既具有有机材料弹性高,又具有无机材料耐久性好的优点。该涂料能在潮湿或干燥的多种材料基面上直接进行施工,涂层坚韧,耐久性优异;低温不龟裂,高温不流淌,在 -35 ~ 140 ℃条件下均能与水泥砂浆等材料牢固黏结。

5)水泥基渗透结晶防水涂料

水泥基渗透结晶防水涂料是由硅酸盐水泥、石英砂、特种活性化学物质等组成的防水材料。在水的引导下,以水作载体,借助强有力的渗透性,在混凝土微孔及毛细管中进行传输、充盈、发生物化反应,形成不溶于水的枝蔓状结晶体,结晶体与混凝土结构结合成封闭式的防水层整体,堵截来自任何方向的水流及其他液体的侵蚀。该涂料具有非凡的防水能力、极强的耐水压能力和极强的渗透能力。

阅 读理解

防水涂料具有以下特点:

①常温下呈液态,渗透性强,特别适宜在立面、阴阳角、穿结构层管道、不规则屋面、节点等细部构造处进行防水施工,固化后能形成完整的防水膜。

②涂膜防水层自重轻,特别适宜于轻型薄壳屋面的防水。

③属于冷施工,可刷涂、喷涂,操作简便,速度快,环境污染小。

④温度适应性强,在 −30 ~ 80 ℃条件下均可使用。

⑤涂膜防水层可通过加贴增强材料来提高其抗拉强度。

⑥容易修补:发生渗漏时可在原防水涂层的基础上修补。

8.1.5　密封膏

密封膏(又称嵌缝材料)如图 8.5 所示,它具有防水、防尘、隔声、保温等功能,用于建筑物上人为设置的伸缩缝、沉降缝、建筑结构节点、接头以及门窗的接缝等。它具有良好的黏结性、弹塑性、耐腐蚀性、耐老化性和耐高低温性等特点。

图 8.5　密封膏

防水密封膏按原材料分为沥青嵌缝膏、高聚物改性沥青嵌缝膏以及合成高分子嵌缝膏三类。

沥青嵌缝膏价格低,具有一定的延伸性和耐久性,但弹性差,一般用于建筑物水平面的密封。高聚物改性沥青嵌缝膏和合成高分子嵌缝膏的综合防水性能好,价格贵,常用于防水等级较高的工程。

常用的密封膏有聚氨酯建筑密封胶、聚氯乙烯接缝膏、丙烯酸酯建筑密封膏、聚硫防水密封胶等。

阅读理解

防水材料种类繁多,性能各异。在选用防水材料时不仅要考虑防水等级的要求,还要考虑不同部位和结构形式、施工环境和使用环境的影响。根据技术可行、经济合理的原则选择防水材料,以确保防水效果和耐用年限。

练习作业

1.防水材料有哪些类别和品种? 对防水材料有哪些性能要求?

2.如何选择防水材料?

请阅读以下相关国家标准：

《屋面工程技术规范》（GB 50345—2012）

《屋面工程质量验收规范》（GB 50207—2012）

《弹性体改性沥青防水卷材》（GB 18242—2008）

《塑性体改性沥青防水卷材》（GB 18243—2008）

《改性沥青聚乙烯胎防水卷材》（GB 18967—2009）

《高分子防水材料 第1部分 片材》（GB 18173.1—2012）

《聚氨酯防水涂料》（GB/T 19250—2013）

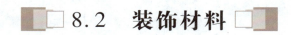

8.2 装饰材料

主要装饰材料有哪些？请举例说说它们的应用范围。

8.2.1 概述

装饰材料是指在建筑中用于外立面、内墙面、楼地面、顶棚等部位起装饰作用的材料,主要有建筑玻璃、陶瓷、饰面石材、饰面板材、涂料和壁纸与墙布,如图 8.6 所示。

（a）玻璃

（b）陶瓷

（c）板材

（d）石材

（e）涂料　　　　　　　　　　　（f）墙布

图 8.6　装饰材料

8.2.2　建筑玻璃

建筑玻璃具有透光、挡风、保温、隔音及装饰等作用,常用的有平板玻璃、夹层玻璃和压花玻璃。

1）平板玻璃

平板玻璃的抗拉强度远小于抗压强度,是典型的脆性材料。平板玻璃具有良好的透光、透视性,主要用于装配门窗。

平板玻璃的常用厚度规格有 2,3,4,5,6,8,10,12,15,19,22,25 mm。

平板玻璃的厚度偏差和厚薄差应符合表 8.5 的规定。

表 8.5　平板玻璃的厚度偏差和厚薄差　　　　　　单位:mm

厚度 D	厚度偏差	厚薄差
$2 \leqslant D < 3$	±0.10	≤0.10
$3 \leqslant D < 5$	±0.15	≤0.15
$5 \leqslant D < 8$	±0.20	≤0.20
$8 \leqslant D \leqslant 12$	±0.30	≤0.30
$12 < D \leqslant 19$	±0.50	≤0.50
$D > 19$	±1.00	≤1.00

平板玻璃应切成矩形,其长度和宽度的尺寸偏差应符合表 8.6 的规定。

表 8.6　平板玻璃的尺寸偏差　　　　　　单位:mm

厚度 D	尺寸偏差	
	边长 $L \leqslant 3\ 000$	边长 $L > 3\ 000$
$2 \leqslant D \leqslant 6$	±2	±3
$6 < D \leqslant 12$	+2,−3	+3,−4
$12 < D \leqslant 19$	±3	±4
$D > 19$	±5	±5

平板玻璃按颜色属性分为无色透明平板玻璃和本体着色平板玻璃两类；按外观质量要求的不同分为普通级平板玻璃和优质加工级平板玻璃两级。

平板玻璃的外观质量（如气泡、夹杂物、斑点、残缺、划伤、裂纹、线道）及光学性能等各项指标均应符合国家标准《平板玻璃》（GB 11614—2022）的相关规定。

阅读理解

玻璃属易碎品，故常用木箱或集装箱包装。平板玻璃在储存、装卸和运输时，必须将盖朝上并垂直立放，并须注意防潮防水。

2）夹层玻璃

夹层玻璃是在玻璃与玻璃之间用其他中间层材料分隔并经处理使其黏结为一体的玻璃构件，如图8.7、图8.8所示。

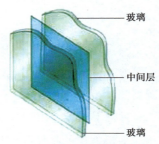

图8.7　夹层玻璃结构图

夹层玻璃属于安全玻璃，故适用于高层建筑门窗和建筑中人体容易受到撞击且伤害的关键场所，如易被误认为是门的一些玻璃墙和玻璃隔断、浴室、人行通道，距离地面较近的玻璃区（如落地窗等）。夹层玻璃还有遮阳夹层玻璃、防紫外线夹层玻璃、隔音夹层玻璃、防弹夹层玻璃等品种。

夹层玻璃的外观质量、尺寸偏差、透光、抗风压、抗冲击、耐热等各项性能参数应符合《建筑用安全玻璃　第3部分：夹层玻璃》（GB 15763.3—2009）的相关要求。

图8.8　夹层玻璃效果图

特别提示

夹层玻璃的透明度好，抗冲击性能比平板玻璃高几倍。玻璃破碎时不裂成分离的碎块，只有辐射裂纹和少量碎玻璃屑，其碎片粘在薄衬片上，不致于伤人。夹层玻璃透光率高。

说议议

夹层玻璃有哪些优点？

3）压花玻璃

压花玻璃是将熔融的玻璃液在冷却过程中，通过带图案的花纹辊轴连续对辊压延而成。

压花玻璃可以分为一般压花玻璃、真空镀膜压花玻璃、彩色膜压花玻璃等。

压花玻璃透光不透视，具有良好的装饰艺术效果，如图8.9所示。

图 8.9 压花玻璃效果图

说说议议

根据压花玻璃的特点,说一说压花玻璃一般用在什么地方?

8.2.3 建筑陶瓷

1)概述

建筑陶瓷是建筑物室内外装饰用的较高级的烧土制品。建筑陶瓷的主要品种有内外墙面砖(图 8.10、图 8.11)、地砖、陶瓷锦砖、琉璃瓦、陶瓷壁画、陶瓷饰品和室内卫生陶瓷等。

图 8.10 内墙面砖

图 8.11 外墙面砖

2)常用建筑陶瓷制品及适用范围

①釉面砖(即内墙面砖):具有许多优良性能,其强度高、防潮、抗冻、耐酸碱、绝缘、抗急冷急热、表面光滑、易于清洗,是厨房、浴室、卫生间、实验室、医院等室内墙面、台面等部位的主要装饰材料。

②墙地砖:建筑物外墙装饰贴面用砖和室内外地面装饰铺贴用砖,可分为彩色釉面陶瓷墙地砖(简称彩釉砖)和无釉陶瓷墙地砖两类。

③陶瓷锦砖(也称为马赛克):具有色彩丰富、色泽稳定、图案美观、质地坚实、抗压强度高、耐污染、抗腐蚀、耐火、耐磨、不吸水、不滑、易清洗等特点。它可用于工业与民用建筑的洁净车间、门厅、走廊、浴室、卫生间、餐厅、厨房、实验室等的内墙和地面,也可用作高级建筑物的外墙饰面。施工时可以用不同花纹和不同色彩的锦砖拼成多种美丽图案,如图 8.12 所示。

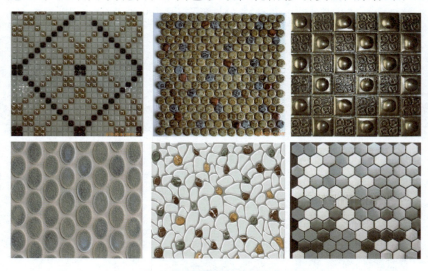

图 8.12　陶瓷锦砖的拼花图案

内墙面砖装饰效果如图 8.13 所示。

图 8.13　内墙面砖装饰效果图

④琉璃制品:琉璃瓦因价格昂贵,且自重大,故主要用于具有民族色彩的宫殿式房屋,以及少数纪念性建筑物上,也常用于建造园林中的亭、台、楼、阁,以增加园林的景色。目前,常用琉璃檐点缀建筑物立面,以美化建筑造型。我国北京、西安、成都、苏州等地应用较多。

⑤陶瓷壁画:具有单块面积大、厚度薄、强度高、平整度好、吸水率小、抗冻、抗化学腐蚀、耐急冷急热、符合建筑要求、施工方便等特点;同时具有绘画艺术、书法、条幅等多种功能,产品的表面可以做成平滑或各种浮雕花纹图案。这种壁画既可镶嵌在高层建筑物的外墙面上,也可以铺设在一些公共场所[如候车(机)室、大型会议室、会客室],园林风景区的地面或墙面、廊厅、立柱上,给人以艺术享受。

特别提示

因为釉面砖厚度薄、强度低,吸水率大,耐磨性、耐候性、耐污染性、耐腐蚀性差,所以一般用于室内而不用于室外。

8.2.4 饰面石材

饰面石材是指具有装饰性能的建筑石材,主要用于建筑物内外表面的装饰。饰面石材包括天然饰面石材(如大理石、花岗石)和人造饰面石材(如人造大理石、人造花岗石、水磨石和其他人造饰面石材)。

1)天然石材

天然石材是指从天然岩体中开采出来,并加工成块状或板状的材料总称。岩石按地质形成条件分为岩浆岩、沉积岩、变质岩三大类。

①优点:蕴藏丰富,分布很广,便于就地取材;结构致密,抗压强度高,大部分可达100 MPa以上;耐水性、耐磨性、装饰性好,石材具有纹理自然、质感厚重、庄严雄伟的艺术效果;耐久性很好,使用年限可达百年以上。

②缺点:质地坚硬,加工困难,自重大,开采和运输不方便;有的石材放射性指标可能超过标准规定值,应进行必要的检测,并选择适宜的使用位置。

2)大理石和花岗石

我国建筑用饰面石材资源丰富,图8.14为大理石,图8.15为花岗石。

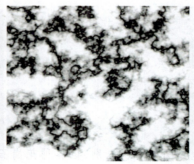

图8.14 大理石

图 8.15 花岗石

（1）大理石

大理石是指变质或沉积的碳酸类的岩石，如大理岩、白云岩、灰岩、砂岩、页岩和板岩等。

①性能特点：结构致密，吸水率小，耐磨性好，抗压强度高但硬度不大，装饰性好但抗风化性差。

②用途：天然大理石板材为高级饰面材料，主要用于建筑装饰等级要求高的建筑物。大理石适用于纪念性建筑、大型公共建筑，如宾馆、展览馆、商场、机场、车站等建筑物的室内墙面、柱面、地面、楼梯踏步等的饰面，也可用作楼梯栏杆、服务台、门脸、墙裙、窗台板、踢脚板等。抛光的大理石板光泽可鉴、色彩绚丽、花纹奇异，具有极好的装饰效果。

（2）花岗石

花岗石为全晶质结构的岩石，属岩浆岩。按结晶颗粒的大小不同分为细粒、中粒和斑状等。

①花岗石的主要物理力学性能：密度大，表观密度为 2 600 ~ 2 800 kg/m³；结构致密，抗压强度高，一般可达 120 ~ 250 MPa；孔隙率小，吸水率低；材质坚硬，肖氏硬度为 80 ~ 100，耐磨性优异；化学稳定性好，不易风化变质，耐酸性较强；装饰性、耐久性好，但是耐火性差。

②用途：花岗石是公认的高级建筑结构材料和装饰材料，但由于开采运输困难，修琢加工及铺贴施工耗工费时，因此造价较高，一般只用在重要的大型建筑中。我国各大城市的大型建筑广泛采用花岗石作为建筑物立面的主要材料。

特 别提示

● 作为建筑装饰装修用饰面石材，对其强度、表观密度、吸水率及耐磨性等不作具体规定，而以其外观质量、光泽度及颜色花纹等作为主要评价和选择指标。

● 花岗石不耐火，因含大量石英，在 573 ℃和 870 ℃的高温下石英均会发生晶态转变，产生体积膨胀，故火灾会对花岗石造成严重破坏。

阅 读理解

花岗石的化学成分随产地不同而有所区别，但各种花岗石 SiO_2 含量很高，一般为 67% ~ 75%，故花岗石属酸性岩石。某些花岗石含微量放射性元素，这类花岗石应避免用于室内。

大理石属碱性岩石，其主要化学成分为 $CaCO_3$，易被酸类侵蚀，故除个别品种（汉白玉、艾叶青等)外,一般不宜用作室外装修,否则会受到酸雨以及空气中酸性氧化物(如 CO_2, SO_3 等)遇水形成的酸类侵蚀,从而表面失去光泽,甚至出现斑点、裂缝等现象。

察思考

为什么花岗石不能作为防火材料?

8.2.5 建筑涂料

1)概述

建筑涂料是涂敷于物体表面,能与基层材料很好地黏结,并形成完整而坚韧保护膜的物料。它具有防护、装饰、防腐、防水或其他特殊功能。建筑涂料多用桶装,如图 8.16 所示。

图 8.16 内、外墙涂料

2)建筑涂料的分类

①按构成涂膜主要成膜物质的化学成分分,建筑涂料可分为有机涂料、无机涂料和有机无机复合涂料。

②按构成涂膜的主要物质分,建筑涂料可分为聚乙烯醇系建筑涂料、丙烯酸系建筑涂料、氧化橡胶外墙涂料、聚氨酯建筑涂料和水玻璃及硅溶胶建筑涂料等。

③按建筑物的使用部位分,建筑涂料可分为外墙涂料、内墙涂料、顶棚涂料、地面涂料和屋面防水涂料等。

④按建筑涂料形成的涂膜的质感分,建筑涂料可分为薄质涂料、厚质涂料、砂壁状涂料(彩砂涂料)。

⑤按建筑涂料的功能分,建筑涂料可分为装饰性涂料、防火涂料、保温涂料、防腐涂料、防水涂料等。

表 8.7 为建筑涂料产品。

表 8.7　建筑涂料产品

主要产品类型		主要成膜物质类型
墙面涂料	合成树脂乳液内墙涂料 合成树脂乳液外墙涂料 溶剂型外墙涂料 其他墙面涂料	丙烯酸酯类及其改性共聚乳液；醋酸乙烯及其改性共聚乳液；聚氨酯等树脂；无机黏合剂等
防水涂料	溶剂型树脂防水涂料 聚合物乳液防水涂料 其他防水涂料	EVA、丙烯酸酯类乳液；聚氨酯、沥青、PVC 胶泥或油膏、聚丁二烯等树脂
地坪涂料	水泥基等非木质地面用涂料	聚氨酯、环氧树脂等
功能性建筑涂料	防火涂料 防霉涂料 保温隔热涂料 其他功能性建筑涂料	聚氨酯、环氧树脂、丙烯酸酯类树脂、乙烯类树脂、氟碳树脂等

3）内墙涂料

内墙涂料也可以用作顶棚涂料，它的主要功能是装饰及保护内墙面及顶棚，使其整洁美观。内墙涂料效果如图 8.17 所示。

图 8.17　内墙涂料装饰效果图

内墙涂料具有以下特点：色彩丰富、细腻、协调；耐碱、耐水性好，且不易粉化；透气性好、吸湿排湿性好；涂刷方便，重涂性好。

常用的内墙涂料有改性聚乙烯醇内墙涂料、聚醋酸乙烯乳液内墙涂料、乙丙有光乳胶漆。

4）外墙涂料

外墙涂料的功能主要是装饰和保护建筑物的外墙面，使外墙面美观悦目，达到美化环境的目的；同时也增强外墙的耐久性，延长使用寿命。外墙涂料效果如图 8.18 所示。

外墙涂料具有以下特点：装饰效果好；耐水性、耐候性、耐污染性好；施工及维修容易，价格适中。

常用的外墙涂料有过氯乙烯外墙涂料、氯化橡胶外墙涂料、丙烯酸酯外墙涂料、聚氨酯系外墙涂料、水溶性氯磺化聚乙烯涂料、乙丙乳液涂料、氯-醋-丙三元共聚乳液涂料、丙烯酸乳液涂料等。

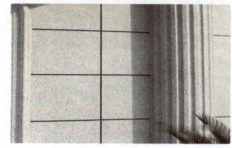

图 8.18   外墙涂料装饰效果图

5）特种涂料

常用的特种涂料有防火涂料、防霉涂料、保温隔热涂料。

阅读理解

真石漆是一种装饰效果酷似天然石材、大理石、花岗石的厚浆型装饰涂料。它主要采用天然彩砂、乳液、助剂等配制而成,用于建筑外墙面装饰的仿石材效果,因此又称为液态石。真石漆色泽自然,具有天然石材的质感,通过各种线格设计,能形成各种立体形状的花纹结构,从视觉上彰显出整个建筑的高雅与庄重之美,特别是在曲面建筑物上装饰,生动逼真,有一种回归自然的效果。

真石漆具有施工简单、成本低、无毒环保、防水防火、耐酸碱、耐污染、使用寿命长、黏结力强、稳定性好、安全无隐患等特点,是外墙干挂石材的最佳替代品。因此,目前真石漆在外墙装饰中得到了非常广泛的使用。

特别提示

● 涂料全名一般由颜色或颜料名称加上成膜物质名称,再加上基本名称(特性或专业用途)组成。对于不含颜料的清漆,其名称一般由成膜物质加上基本名称组成。

● 颜料是一种不溶于水、溶剂和漆基的粉状物质。颜料的品种有很多,按它们的化学组成不同,可分为有机颜料和无机颜料两类;按它们的来源不同,可分为天然颜料和人造颜料两类;按它们所起的主要作用不同,可分为着色颜料、防锈颜料和体质颜料。

8.2.6　板材

板材包括木质地板以及人造板材,如图 8.19 所示。板材具有弹性好、导热性低等优点。

(a)条木地板　　　　　　　　　(b)拼花木地板

(c)胶合板　　　　　　　　　　(d)纤维板

图 8.19　板材

1)木地板

①条木地板:使用最普遍的木质地板,安装时可空铺和实铺。对条木地板的材质要求是耐磨、不易腐蚀、不易变形开裂。

②拼花木地板:一种高级的室内地面装饰材料。双层拼花木地板的固定方法是将面层小板条用暗钉钉在毛板上;单层拼花木地板是采用适宜的胶结材料,将硬木面板条直接粘贴在混凝土地面上。拼花木地板通过小木板条不同方向的组合,可拼造出多种图案花纹,经抛光、刷油漆、打蜡后,木纹清晰美观,给人以自然、高雅之感。

2)人造板材

①胶合板(又称层压板):用经过蒸煮的柏、柞、松、水曲柳等原木旋切成大张薄片(厚度 1 ~ 45 mm),然后将各张木纤维方向按纹理垂直交错,以消除各向异性,得到均匀的强度,通过酚醛等合成树脂黏合、热压、干燥、锯边、表面整修而成。胶合板幅面大,平整易加工,材质均匀,收缩性小,是建筑装饰中广泛使用的人造板材。胶合板的幅面尺寸,常用的为1 220 mm × 2 440 mm。

②纤维板:以植物纤维为主要原料,经破碎、浸泡、研磨成木浆,使其植物纤维结构重组,再经热压成型、干燥处理后制成的一种人造板材。木材利用率达到 90% 以上,可以充分利用木材并能使木材材质构造均匀,各向强度一致,抗弯强度提高,耐磨、绝热性能增强,不易发生胀缩翘曲变形,克服木材易腐朽、木节长虫眼等缺陷,适用于建筑装饰和制作板式家具。

8.2.7　壁纸、墙布

壁纸和墙布(图8.20)色彩丰富,质感多样,图案装饰性强,吸声、隔热、防菌、防霉、耐水,维护保养简单,用旧后更新容易,且有高、中、低品种供选择,因此是目前使用广泛的内墙装饰材料。其主要品种有玻璃纤维墙布、无纺贴墙布、化纤装饰墙布、塑料壁纸、织物壁纸、纯棉装饰墙布、锦缎墙布等。

图8.20　壁纸、墙布

8.3　绝热材料

建筑节能是可持续发展理念的具体体现,也是世界性的建筑设计潮流,同时又是建筑科学技术的新增长点。设计、建造和使用节能建筑有利于国民经济持续、快速、健康发展,保护生态环境。为使能耗达到节能标准要求,节能建筑广泛使用各种绝热材料。

1)概述

绝热材料是指对热流具有显著阻抗性的材料或材料复合体。通常所说的绝热材料是指导热系数小于0.23 W/(m·K)的材料。绝热材料的表观密度小,通常小于500 kg/m³,导热性低,具有保温作用。

保温材料是指绝热材料中导热系数不大于0.14 W/(m·K)的材料。

2)绝热材料的分类

①绝热材料按材料来源和性质分为:

● 有机绝热材料,如稻草、稻壳、聚氨酯泡沫塑料等。

● 无机绝热材料,如矿渣棉、岩石棉、玻璃棉、多孔混凝土等。

②绝热材料按材料形状分为:

● 松散绝热材料,如矿物棉、玻璃棉、稻壳等。

● 板状绝热材料,如矿棉板、玻璃棉板、刨花板等。
● 整体绝热材料,如膨胀珍珠岩混凝土、炉渣混凝土等。
● 金属绝热材料,如铝板、铝箔、铝箔复合轻板等。

观察思考

1. 导热系数与温度、湿度的关系怎样?
2. 导热系数的物理意义是什么?

3)常用的绝热材料

(1)岩矿棉及其制品

岩矿棉包括岩石棉和矿渣棉。矿渣棉是由高炉硬矿渣、铜矿渣及其他工业废渣和焦炭等,另加一些调整原料(含氧化钙、氧化硅的原料),经熔融后吹制而成。岩石棉由天然岩石(玄武岩、辉绿岩等)经熔融后吹制而成。其纤维长,耐久性较矿渣棉更优,但成本稍高。

岩矿棉制品(图8.21)具有质轻、吸声、隔震、不燃、绝热和电绝缘等性能,主要用于墙体、屋面、房门和地面等,作保温、隔音、隔震材料;也常用于墙面、顶棚、梁柱、窑炉表面等的喷涂,作防火、保温及装饰之用。

图8.21 岩矿棉制品

(2)玻璃棉及其制品

玻璃棉是以玻璃原料或碎玻璃经熔融后拉制、吹制或甩制成的极细的纤维状材料。

玻璃棉及其制品(图8.22)质轻、吸声性好、过滤效率高、不燃、耐腐蚀性好。玻璃棉毡、卷毡用于建筑、空调、冷库、消音室等的保温、隔热、隔声;玻璃棉板用于录音间、冷库、隧道、房屋等的绝热、隔声;玻璃棉装饰板用于剧场、音乐厅吊顶。

注意:玻璃棉由于吸水性强,不得露天存放、雨天施工。

(3)膨胀珍珠岩及其制品(图8.23)

膨胀珍珠岩是以天然珍珠岩、黑耀岩或松脂岩为原料,经破碎、分级、预热、高温焙烧瞬时急剧膨胀(约20倍)得到的蜂窝状白色或灰白色松散颗粒,具有质轻、化学稳定性好、吸湿性小、无毒、无味、防火、吸声等特点。

图 8.22　玻璃棉及其制品

图 8.23　膨胀珍珠岩及其制品

膨胀珍珠岩散料主要用作保温填充料、轻集料及防水、装饰涂料的填料;胶结制品和烧结制品主要用于内、外墙的吸声、保温、装饰和防水。

(4)膨胀蛭石及其制品

膨胀蛭石是以蛭石为原料,经烘干、破碎、焙烧,在短时间内体积急剧膨胀而制成的一种轻质粒状物料。它具有轻质、强度高、耐火性强、质量稳定的特点。

膨胀蛭石及其制品(图 8.24)主要用于建筑、设备管道的绝热、隔声、防火。膨胀蛭石可做成各种绝热、吸声制品,散料可作绝热填充料及防火涂料。

注意:膨胀蛭石在酸性介质下不宜使用。

(5)聚苯乙烯泡沫塑料

聚苯乙烯泡沫塑料以各种树脂为基料,加发泡剂、催化剂、稳定剂及辅料经加热发泡制成的轻质、绝热、吸声、防震材料。常用品种包括聚苯乙烯、聚氨酯、聚氯乙烯、聚乙烯泡沫塑料、酚醛树脂及环氧树脂泡沫塑料等。

图 8.24　膨胀蛭石及其制品

聚苯乙烯泡沫塑料制品(图 8.25)具有轻质、高强、不吸水、不透气、耐磨和耐降解性强、绝热性好的性能,主要用于内、外墙及屋面的保温和防潮处理。

(6)玻璃绝热材料

玻璃绝热材料指对声、光、热具有控制作用的一类制品,如镀膜玻璃、中空玻璃等。

镀膜玻璃(图 8.26)是在玻璃表面涂覆一层或多层金属、金属氧化物或其他物质,或者把金属离子迁移到玻璃的表面层中的玻璃深加工产品。最常见的有热反射玻璃、吸热玻璃、低辐射玻璃。

图 8.25　聚苯乙烯保温板

图 8.26　镀膜玻璃

热反射玻璃具有较高的热反射性及良好的透光性,主要反射室外的太阳辐射能,隔断室外热能进入室内,降低能耗;其可见光透过率低,反射光颜色丰富,集装饰美观、节能于一体。玻璃本身有灰、茶、金、棕、浅蓝色等多种,多用于幕墙。

吸热玻璃是一类能吸收大量红外线辐射而又保持良好可见光透过率的平板玻璃,其对太阳能辐射的吸收率高,对红外线的透射率很低。玻璃本身呈蓝色、天蓝、茶、灰绿、蓝绿、金黄等多种颜色,多用于建筑门窗、幕墙。

低辐射玻璃又称 Low-E 玻璃,可在玻璃表面镀银或掺氟的氧化锡膜后,利用上述膜层反射远红外线的性质,达到隔热、保温的目的。其辐射系数低,对远红外光具有双向反射作用,故节能效果好,使建筑物冬暖夏凉,提高使用性,多用于建筑门窗。

中空玻璃(图 8.27)是在两片或多片玻璃中间,用注入干燥剂的铝框或胶条将玻璃隔开,四周用胶密封,使中间腔体始终保持干燥气体而制成的玻璃制品,具有隔热性、吸声性好的特点。中空玻璃分为普通中空玻璃、复合中空玻璃两类。中空玻璃多用于幕墙和门窗。

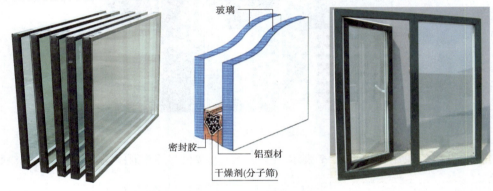

图 8.27 中空玻璃

普通中空玻璃原片可用浮法玻璃、普通平板玻璃;复合中空玻璃采用钢化、夹层、夹丝、防弹、防火、压花、彩色、涂层、吸热、热反射和导电膜及浮法镜面、低辐射膜玻璃等多种。

(7)反射型绝热材料

反射型绝热材料是指对热辐射起屏蔽作用的材料,如图 8.28 所示。它主要有铝箔波形纸保温隔热板、玻璃棉制品铝箔复合材料、反射型保温隔热卷材等。

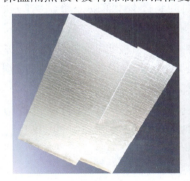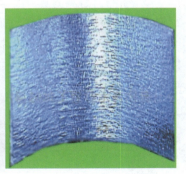

图 8.28 反射绝热材料

8.4　吸声材料

1）概述

具有能够吸收入射到它上面的声能的材料,称为吸声材料(图8.29)。吸声材料主要用于录播室、音乐厅、影剧院、大会堂、有较大噪声的工厂车间等的墙面、地面、顶棚等部位,能改善声波在室内的传播质量,减少噪声,保持良好的音响效果和舒适感。

图8.29　吸声材料

材料的吸声效果用吸声系数 α 表示, $\alpha = \dfrac{E}{E_0}$, E 为被材料吸收的声能, E_0 为到达材料表面的全部声能。在规定频率下的平均吸声系数大于0.2的材料,称为吸声材料。

2）吸声材料的类型及其结构形式

①多孔吸声材料:这是主要的吸声材料,具有良好的高频吸声性能。多孔材料的吸声性能与材料的表观密度和内部构造有关。

②板状(或薄膜)吸声体:不穿孔的板状或薄膜吸声体是第二类吸声材料,这是一种非常有效的低频吸声构造。

③空腔共振器:这是第三类吸声体,它是一个内部为硬表面的封闭体,连接一条颈状的狭窄通道,以便声波通过狭窄通道进入封闭体内。

④空间吸声体:用穿孔板材(钢、铝、硬纸板条等)做成各种形状,如板形、棱柱体形、立方体形、球形、回柱体形、单壳体和双壳体形等,通常填充或衬贴玻璃棉、矿渣棉等吸声材料,特别适用于噪声很大的工业厂房。

⑤帘幕吸声体:用具有通气性能的纺织品,安装在离墙面或窗洞一定距离处,背后设置空气层。这种吸声体对中、高频声波都有一定的吸声效果。帘幕吸声体安装、拆卸方便,兼具装饰作用,应用价值较高。

阅读理解

物体在机械能、声能等的作用下振动而发声,声音以声波的形式传播。在传播过程中,一部分逐渐扩散,另一部分由于空气分子的吸收而削弱。当声音遇到室内的材料时,一部分声波被材料吸收,一部分被反射。材料吸声性能的重要衡量指标是吸声系数,即被材料吸收的声能与到达材料表面的全部声能之比。吸声系数越大,说明材料的吸声效果越好。同一种材料对高、中、低不同频率的吸声系数可以有很大差别,故往往取多个频率下的吸声系数的均值来全面评价其吸声性。

吸声材料多为疏松多孔、表观密度小的材料,不能简单地用作隔声材料。因为隔声材料是能减弱或隔绝声波传播的材料,对隔声材料而言,密度越大的材料(如混凝土等),隔声效果越好。

提 问回答

吸声材料的性能参数是什么?

8.5 建筑塑料

问 题引入

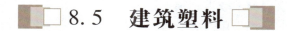

常用的塑料可以用在建筑工程中吗?

8.5.1 概述

建筑塑料是利用高分子材料的特性,以高分子材料为主要成分,添加各种改性剂及助剂,为适合建筑工程各部位的特点和要求而生产出的用于各类建筑工程的塑料制品。

建筑塑料是一种新型建筑材料,是继钢材、木材、水泥之后新兴的第四大类建筑材料。图8.30展示了部分建筑塑料制品。

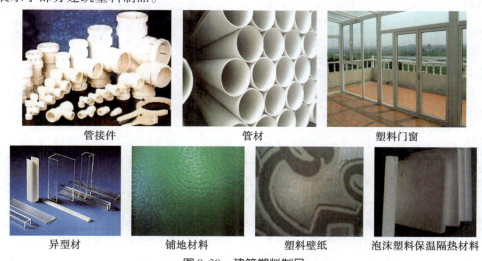

| 管接件 | 管材 | 塑料门窗 |
| 异型材 | 铺地材料 | 塑料壁纸 | 泡沫塑料保温隔热材料 |

图 8.30 建筑塑料制品

8.5.2　建筑塑料的分类、特点及应用

1）管材与管接件

塑料管材的应用领域越来越广,用量最多的是用 PVC 和 PE 作原料的管材,约占塑料管总量的 80%；其次是 PP、ABS、尼龙、玻璃钢、塑料-金属复合管及聚合物混凝土管等。

在建筑塑料中耗量最大的是塑料管材及其管接件,包括上、下水管,输气、输油管,电线套管,农用浇、槽、排管等。塑料管材与传统建筑管材相比具有以下优点:质量轻、节能、流体阻力小、施工安装简单、耐腐蚀性好、维修方便、价格便宜。

2）塑料门窗

塑料门窗具有节能、保温、隔热、隔声、耐腐蚀、耐老化、轻便、牢固、美观等性能。为了有效节约森林资源,塑料门窗得到了人们的青睐。塑料门窗以 PVC 塑料为主,目前在我国已得到广泛应用,在建筑门窗领域占有很大比重。

3）泡沫塑料

将塑料加工成具有不同孔径和形状的泡沫塑料,其热导率仅为一般塑料的 1/10,是良好的隔热保温材料。例如,以钢丝网为骨架的 PS 泡沫板材,已在高层建筑等各种建筑中用作墙体材料。PS 泡沫板已广泛用作屋顶、墙面的保温材料。聚氨酯(PU)泡沫塑料可预制成各种不同弹性、软硬度的制品,并可在预制钢筋骨架中喷射发泡,现场现浇,在建筑工程中十分引人注目。

4）铺地材料

铺地材料包括塑料卷材地板、塑料地板砖(半硬质地板)、塑料地毯(合成纤维地毯)、塑料草坪及地面涂料等。

塑料卷材地板是以 PVC 为基料,制成发泡、印花、压花等单层、双层或多层结构的软质地板。塑料地板砖也是以 PVC 为基料,添加石英砂或者碳酸钙等填料和各种添加剂制成的半硬质地面材料。塑料地毯和塑料草坪均用晴纶、丙纶、尼龙等合成纤维编织制成,也已得到了广泛应用。

5）塑料墙纸

塑料墙纸的图案变化多样、色彩艳丽,通过印花、压花、发泡等方法,可制成各种花纹及仿制成各种传统材质,如石纹、木纹、织锦缎、瓷砖、黏土砖、各类织物、麻等。在国际市场上,其品种大致可分为普通墙纸、发泡墙纸及特种墙纸三类。

阅读理解

建筑可分为工业建筑、民用建筑(住宅与公共建筑)、农业建筑、国防建筑等。在实际施工中接触最多的是工业和民用建筑。在民用建筑中以住宅建筑、商业建筑、旅馆、厅堂、文化建筑、观光建筑、交通、邮电建筑、娱乐场馆等最为广泛,这些建筑中可以说没有一种建筑不使用建筑塑料制品进行装饰的。

装饰的目的在于凡是能看到和接触到的建筑部位,要使人感到愉悦、舒适,同时还要发挥

某些功能的作用。装饰部位包括室内外的墙面、门厅入口、台阶、门窗、檐口、雨篷、屋顶、柱、顶棚、天花板、隔断、柱、隔墙、地面、花格、橱窗等,对某些装饰部位,还要具有保温隔热、隔音绝声、采暖、遮阳、防潮、采光、通风等作用。由此可见,建筑装饰施工所涉及的工种面广、内容多、要求高,它不仅体现在传统的抹灰、水、电、木工、油漆等基本工种的各单项技术中,而且要求各工种对日新月异的新型建筑装饰材料要有一定的基础知识,并且掌握这些装饰材料的新的施工方法和操作规程。尤其是现场指挥施工的项目经理和施工负责人,一定要不断学习新材料、新产品的知识,掌握新的施工技术,才能圆满地完成装饰施工的总体任务。

提问回答

总体来说建筑塑料有哪些优点?

学习鉴定

1. 名词解释

(1)防水卷材——

(2)石油沥青——

(3)沥青闪火点——

(4)温度敏感性——

(5)夹层玻璃——

(6)建筑陶瓷——

(7)涂料——

181

（8）颜料——

（9）隔热材料——

（10）吸声材料——

2. 判断题

（1）按蒸馏程度不同,煤沥青分低温煤沥青、中温煤沥青、高温煤沥青 3 种,建筑上多采用中温沥青。　　　　　　　　　　　　　　　　　　　　　　　　　　　　（　）

（2）煤沥青和石油沥青能混合使用。　　　　　　　　　　　　　　　　（　）

（3）平板玻璃在储存、装卸和运输时,必须将盖朝上,垂直立放,但不需要防潮防水。（　）

（4）花岗石属碱性岩石。　　　　　　　　　　　　　　　　　　　　　（　）

3. 填空题

（1）沥青按来源通常分为_____和_____。

（2）材料吸声性能的重要衡量指标是_____,即被材料吸收的声能 E 与_____之比。

（3）多孔性吸声材料的吸声效果主要取决于_____ 、_____ 、_____ 。

（4）根据天然岩石形成的地质条件不同,可分为_____ 、_____和_____三大类。

（5）常用的特种涂料有_____ 、_____和_____ 。

（6）_____是保温隔热材料的一个主要热物理指标。

（7）按构成涂膜主要成膜物质的化学成分,将建筑涂料分为_____ 、_____和_____ 。

（8）稻壳、玻璃棉板、铝箔、膨胀珍珠岩混凝土 4 种材料中属于有机保温隔热材料的是_____ 。

4. 简答题

（1）防水涂料的主要特点有哪些?

（2）确定沥青牌号的主要依据有哪些?

（3）简述建筑陶瓷的种类。

（4）简述内墙涂料与外墙涂料的区别。

（5）花岗石和大理石有什么区别？

（6）改性沥青是从哪些方面提高沥青性能的？

（7）为什么煤沥青在燃烧时产生的气体是有毒的？

（8）如何评价吸声材料的质量？

教学评估

教学评估见本书附录。

附 录

学生评估问卷

班级：_____ 课题名称：_____ 日期：_____ 姓名：_____

本调查问卷主要用于对新课程的调查，可以自愿选择署名或匿名方式填写（可在网上下载）。

1. 根据自己的情况在相应的栏目打"√"。

评估项目	评估等级				
	非常赞成	赞成	无可奉告	不赞成	非常不赞成
1. 我对本课题的学习很感兴趣					
2. 教师组织得很好，讲课有准备，讲述清楚					
3. 教师运用了各种不同的教学方法来帮助我的学习					
4. 学习内容能够帮助我获得能力					
5. 有视听材料，包括实物、图片、录像等，帮助我更好地理解教材内容					
6. 对该教学内容，教师有丰富的知识					
7. 教师乐于助人、平易近人					
8. 教师能够为学生需求营造合适的学习气氛					
9. 我完全理解并掌握了所学知识和技能					
10. 授课方式适合我的学习风格					
11. 我喜欢这门课中的各种学习活动					
12. 学习活动能够有效地帮助我学习该课程					
13. 我有机会参与学习活动					
14. 每个活动结束都有归纳与总结					
15. 教材编排版式新颖，有利于我学习					
16. 教材使用的文字、语言通俗易懂，有对专业词汇的解释，利于我自学					
17. 教学内容难易程度合适，符合我的需求					
18. 教材为我完成学习任务提供了足够的信息					
19. 教材通过提供活动练习使我的技能增强了					
20. 我对适应今后的工作岗位所应具有的能力更有信心					

2. 您认为教学活动使用了足够的视听教学设备吗？

　　合适　□　　　　　　　　太多　□　　　　　　　太少　□

3. 教师讲述、学生小组讨论和小组活动安排比例：

　　讲课太多　□　　　　　讨论太多　□　　　　　练习太多　□

　　活动太多　□　　　　　恰到好处　□

4. 教学的进度：

　　太快　□　　　　　　　　合适　□　　　　　　　太慢　□

5. 活动安排的时间长短：

　　合适　□　　　　　　　　太长　□　　　　　　　太短　□

6. 本单元我最喜欢的教学活动是：

7. 本单元我最需要的帮助是：

8. 我对本单元进一步改进教学活动的建议是：

参考文献

[1] 王春阳.建筑材料[M].3 版.北京:高等教育出版社,2013.

[2] 彭小芹.土木工程材料[M].4 版.重庆:重庆大学出版社,2021.

[3] 吴科如,张雄.土木工程材料[M].3 版.上海:同济大学出版社,2013.

[4] 陈志源,李启令.土木工程材料[M].3 版.武汉:武汉理工大学出版社,2014.

[5] 傅刚斌.土木工程材料[M].北京:高等教育出版社,2014.

[6] 高琼英.建筑材料[M].4 版.武汉:武汉理工大学出版社,2012.

[7] 钱晓倩,金南国,孟涛.建筑材料[M].2 版.北京:中国建筑工业出版社,2019.

[8] 陈正.土木工程材料[M].北京:机械工业出版社,2020.

[9] 毕万利.建筑材料[M].4 版.北京:高等教育出版社,2021.

[10] 魏鸿汉.建筑材料[M].6 版.北京:中国建筑工业出版社,2022.